Nitin Patil
Prashant Chaudhari
Amit Chaudhari

Produtividade nas indústrias transformadoras através da gestão do conhecimento

Nitin Patil
Prashant Chaudhari
Amit Chaudhari

Produtividade nas indústrias transformadoras através da gestão do conhecimento

ScienciaScripts

Cover image: www.ingimage.com

This book is a translation from the original published under ISBN 978-613-4-90167-3.

Publisher:
Sciencia Scripts
is a trademark of
Dodo Books Indian Ocean Ltd. and OmniScriptum S.R.L publishing group

120 High Road, East Finchley, London, N2 9ED, United Kingdom
Str. Armeneasca 28/1, office 1, Chisinau MD-2012, Republic of Moldova, Europe
Printed at: see last page
ISBN: 978-620-8-08555-1

ÍNDICE

LISTA DE ABREVIATURAS

Abbreviations		Full form
KM	:	Knowledge Management
ERP	:	Enterprise Resource Planning
EDI	:	Electronic Data Input
MRP	:	Material Requisite Planning
DSS	:	Decision Support System
KMS	:	Knowledge Management System
TAM	:	Technology Acceptance Model
SSIM	:	Social Information Processing Model
CSFs	:	Critical Success Factors
SMEs	:	Small and medium-sized enterprises
CRM	:	Customer Relationship Management
CKM	:	Customer Knowledge Management
VSM	:	Viable Systems Model
PLM	:	Product Lifecycle Management
GRA	:	Gray Relational Analysis
PM/KM	:	Processes Methodology/ Knowledge Management
KMCA	:	Knowledge Management Capability Assessment
SEM	:	Structural Equation Modelling
HRM	:	Human Resource Management
HRD	:	Human Resource Department
KAs	:	Knowledge Activities
ISM	:	Interpretive Structural Modeling
MICMAC	:	Matriced' Impacts Croise´s Multiplication Applique's a UN Classement
KS	:	Knowledge Sharing
KMTs	:	Knowledge Management Technologies
SC	:	Supply Chain
AHP	:	Analytic Hierarchy Process
CKO	:	Chief Knowledge Officer
OEMs	:	Original Equipment Manufacturers
M & HCV	:	Medium and Heavy Commercial Vehicles
PV	:	Passenger Vehicle
DIPP	:	Department of Industrial Policy and Promotion
PE	:	Private Equity
MOU	:	memorandum of Understanding

Abbreviations		Full form
IISc	:	Indian Institute of Science
AMP	:	Automotive Mission Plan
MUV	:	Multi-Utility Vehicles
DE	:	Design engineering(DE)
P	:	Production (P)
D	:	Distribution (D)
ITS	:	Information Technology/ system(ITS)
PY	:	Productivity(PY)
OC	:	Organization culture(OC)
HRD	:	Human resource development(HRD)
MT	:	Maintenance(MT)
EE	:	Employee empowerment(EE)
KS	:	Knowledge Strategy(KS)
PLC	:	Product life cycle(PLC)
KMO	:	Kaiser Meyer-Olkin
EDI	:	Electronic Data Interchange
AI	:	Artificial Intelligence
ES	:	Expert System
MRPII	:	Manufacturing Requirements Planning
JIT	:	Just In Time
TQM	:	Total Quality Management
IS	:	Information system
ASCII	:	American Standard Code for Information Interchange
DEA	:	Data Envelopment Analysis
TPF	:	Total Factor Productivity

AGRADECIMENTOS

Em nome do Senhor Shri Ganesha e do Santo Shri Gajanan Maharaj, o mais compassivo, o mais misericordioso. Este trabalho não teria chegado a bom porto sem a ajuda e o apoio de muitas pessoas. A investigação foi uma aventura e um desafio, e as contribuições das seguintes pessoas são devidamente apreciadas. Antes de mais, gostaria de agradecer à minha mãe, Mirabai Patil, pelo seu constante encorajamento e por ser uma fonte de inspiração para um trabalho de prestígio.

Em segundo lugar, estou grato ao Professor Dr. Ravi M. Warkhedkar, que criou o ambiente adequado para que eu pudesse concluir esta tarefa. Além disso, estou profundamente grato pela sua supervisão proactiva do meu trabalho de investigação, pela sua orientação eficaz na redação deste conteúdo significativo e pelos seus comentários perspicazes, encorajamento contínuo e assistência extensiva. Esteve sempre disponível quando precisei de apoio.

Gostaria de exprimir os meus sinceros agradecimentos ao Dr. Ajeenkya D Y Patil, Chanceler da Universidade Ajeenkya D Y Patil, Pune e Presidente do Dr. D Y Patil Educational Charitable Trust, pelo seu constante incentivo à aquisição de formação superior e pelo apoio financeiro.

Estou igualmente grato ao Shri. Nandkumar G. Vedak, Presidente, Shri. Gopinath Mahadeo Vedak Pratishthan's G.M.Vedak Institute of Technology e Shri. Unmesh N. Vedak, Secretário, Shri. Gopinath Mahadeo Vedak Pratishthan's G.M.Vedak Institute of Technology.

Gostaria de expressar os meus agradecimentos à minha mulher Geeta e aos meus filhos Tejal e Rushabh. Por último, gostaria de agradecer ao meu irmão e à minha irmã, aos meus sobrinhos e à família Patil pelo seu encorajamento contínuo e alargado.

Dr. Nitin Y Patil

PREFÁCIO

No período atual, as melhorias na Gestão do Conhecimento têm vindo a moldar drasticamente as formas como os indivíduos vivem e também os cursos em que as associações lidam com os negócios nos seus espaços especializados. A execução de diferentes tipos de estruturas de aprendizagem, por exemplo, estruturas de Planeamento de Recursos Empresariais (ERP), Sistemas de Apoio à Decisão (DSS) e Sistemas de Gestão do Conhecimento (KMS), Organização de Requisições de Materiais (MRP), Departamento de Recursos Humanos (HRD), Relações com Clientes, Produção, Tecnologia da Informação, Estratégia do Conhecimento tem sido vista como um dos empreendimentos fundamentais que as associações precisam de realizar para aumentar a eficiência dos empreendimentos das indústrias transformadoras com a Gestão do Conhecimento. Não obstante o esforço gigantesco que as organizações em todo o mundo têm dedicado à execução de quadros de gestão do conhecimento, as associações na Índia estão ainda a sentir a desilusão da utilização da gestão do conhecimento (GC). A razão de ser deste estudo é a realização de um exame exaustivo dos componentes que podem ajudar as associações a compreender a ligação da execução da gestão do conhecimento. Com avaliações precisas, isto pode, portanto, ajudá-las a criar técnicas ou disposições convincentes para ampliar a probabilidade de realização na execução da GC. Nesta linha, esta exploração abordará a melhoria de um sistema de apropriação de KM para colmatar esta lacuna e construir um modelo que sirva de instrumento para receber KM em geral e as empresas comerciais de montagem na Índia especificamente.

Os dados das indústrias foram recolhidos e analisados através de software (SPSS 16) para descobrir os resultados como o fator alfa de Cronbach para mostrar a consistência das variáveis. Também descobrimos o teste KMO de Bartlett, o teste de variância e as métricas de componentes principais para todas as variáveis, a carga fatorial também foi calculada

A modelação estrutural interpretativa (MIE) é utilizada para mostrar a relação entre as variáveis e a sua importância.

A KM pode ser uma tecnologia de equipamento eletrónico no mundo dos negócios e, uma vez que as indústrias transformadoras dependem fortemente das tecnologias da moda, as indústrias transformadoras indianas devem adoptá-la e aplicá-la. Estudos anteriores revelam que, no mundo e, sobretudo, na nação asiática, a aplicação da KM associada à KM em enfermagem continua numa fase inicial. Este estudo pretende ajudar as indústrias transformadoras a colmatar esta lacuna tecnológica, que resulta de anos de atraso na implementação de equipamento eletrónico, de técnicas de administração de empresas e dos vários anos de sanções económicas indianas que afectaram significativamente as indústrias transformadoras.

O inquérito, conduzido pelo investigador, incluindo algumas amostras de sectores comerciais da indústria automóvel na nação asiática, mostra que houve um acordo generalizado relativamente aos factores que afectaram a modificação da estrutura no país. Como resultado, o investigador concebeu um grupo de questões que constituem o início de uma exploração estabelecida, juntamente com a ideia de que a teoria KM seria mais aceitável para verificar este espaço.

Dr. Prashant P ChaudhariMr **. Amit S Chaudhari**

Professor adjuntoProfessor adjunto

Escola de Engenharia Dr. D Y Patil Padmabhooshan Vasantdada Patii

Charoli (Bk), Lohegaon, Instituto de Tecnologia de Pune Maharashtra, Índia - 412105Perto . Chandni Chowk ,

Estrada de Pirangut,

Bavdhan , Pune 411 021

Dr. Nitin Y Patil

Principal

Instituto de Tecnologia G. M. Vedak

No posto e em Taluka: Tala, Dist: Raigad ,

À saída de Indapur na autoestrada Mumbai Goa (NH-17),

Maharashtra - 402 111

1. INTRODUÇÃO

1.1 Antecedentes

Nos últimos anos, assistiu-se ao crescimento contínuo do desenvolvimento da gestão do conhecimento para captar os fluxos de dados entre as organizações e transformá-los em sistemas de informação de gestão exploráveis, conducentes à melhoria das práticas operacionais e à obtenção de vantagens competitivas. Ao longo desta era, tem havido um grande interesse em explorar a informação para impulsionar o fluxo de negócios. No entanto, estes desenvolvimentos na gestão da informação e nas estruturas não têm essencialmente em consideração a natureza específica das organizações, sobretudo quando se considera a aceitação desses sistemas e, por conseguinte, os factores que influenciam essa aceitação.

Na era do equipamento eletrónico, os desenvolvimentos na tecnologia da informação estão a moldar dramaticamente a forma como as pessoas vivem, da mesma forma que as formas como a organização funciona (Wang, 2005). A implementação de vários tipos de sistemas de dados, como os sistemas de conceção de recursos empresariais (ERP), os sistemas de apoio à decisão (DSS) e os sistemas de gestão do conhecimento (KMS), é reconhecida coletivamente como uma das principais tarefas que as organizações têm de realizar para sobreviver (Alavi 2001). Apesar da enorme quantidade de esforços que as organizações em todo o mundo têm dedicado à implementação da Gestão do Conhecimento (GC), nos países asiáticos as organizações estão a perder terreno devido à ausência de implementação da Gestão do Conhecimento (GC) (Kridan, 2006). O objetivo deste estudo é fornecer uma investigação abrangente dos factores que podem facilitar às organizações o conhecimento do contexto subjacente à implementação da gestão do conhecimento. Ao fornecer avaliações corretas, está planeada uma estrutura para ajudar as organizações a desenvolver métodos ou políticas eficazes para maximizar a probabilidade de sucesso na implementação da GC.

Por conseguinte, a presente investigação abordará o desenvolvimento de um quadro de adoção da gestão do conhecimento e desenvolverá um modelo que servirá de instrumento para apoiar a adoção da gestão do conhecimento em geral e nas indústrias transformadoras indianas em particular.

1.2 Motivação

Modelo de Aceitação (TAM) (Davis 1989; Davis *et al.* 1990; Davis 1996; Venkatesh *et al.*2000; Venkatesh *et al.* 2003) e, por conseguinte, o Modelo de Processamento de Informação Social (SIPM). Esta análise preocupa-se com a adoção da gestão do conhecimento no sector industrial indiano. Centrar-se-á exclusivamente na identificação dos factores essenciais que influenciam a aceitação e a adoção de sistemas de gestão empresarial.

Vários estudantes de todo o mundo realizaram estudos sobre os factores críticos de sucesso (FCS) que influenciam as iniciativas de gestão do conhecimento em cada um dos países desenvolvidos e em desenvolvimento (Davenport *et al.* 1998; Liebowitz 1999; Alavi 2001; Kankanhalli *et al.* 2003; Liebowitz *et al.* 2003; Al-Mabrouk 2006; Jennex et *al*. 2008).

Motivação para centrar este estudo nas indústrias automóveis indianas, situadas em PimpriChinchwad, Pune e, por conseguinte, a gestão do conhecimento é um associado na inovação da enfermagem nas nações asiáticas, e as indústrias automóveis são um tópico digno de ser verificado, com a esperança de aumentar a produtividade nas indústrias transformadoras no futuro. A gestão do conhecimento tem sido amplamente estudada nos países em desenvolvimento; no entanto, relativamente poucos estudos são realizados nos países em desenvolvimento, com a escassa investigação na nação asiática.

Isto acontece frequentemente apesar do facto de as indústrias encorajarem estudos que provavelmente melhorariam a vida das pessoas, através da aceitação de tecnologia recente. O investigador preparou o acesso à informação nas indústrias indianas, significativamente entre as organizações que poderiam preferir adotar a gestão do conhecimento. No entanto, existe uma ausência de conhecimentos de cada pessoa e organização relativamente à qualidade da gestão do conhecimento, particularmente no contexto do comércio de pequena e média escala.

A produtividade para selecionar a gestão do conhecimento combinada com a sua aceitação apoiada pela gestão do conhecimento dá aos enfermeiros associados uma ferramenta inovadora para modificar a estrutura e aumentar os fluxos de informação numa empresa (Yang *et al.* 2011). As indústrias transformadoras indianas estão ansiosas por adotar novas tecnologias, juntamente com a gestão do conhecimento. No entanto, esta tecnologia necessita de uma quantidade descomunal de investimento e, consequentemente, as organizações precisam de criar preparativos cuidadosos para a implementação autónoma; este estudo pode fornecer uma ferramenta que ajudará cada pessoal e empresas a aceitar e trabalhar absolutamente com esta nova tecnologia.

O investigador aproveitou as oportunidades oferecidas por workshops e seminários, e discussões com supervisores para obter a forma de utilizar as teorias dos sistemas de gestão do conhecimento e a sua aplicação para desenvolver o ambiente de trabalho das organizações no país asiático.

1.3 Justificação da investigação

A KM pode ser uma tecnologia de equipamento eletrónico no mundo dos negócios e, uma vez que as indústrias transformadoras dependem fortemente das tecnologias da moda, as indústrias transformadoras indianas devem adoptá-la e aplicá-la. Estudos anteriores (Al-Busaidi, 2005; 2007) revelam que, no mundo e, sobretudo, na nação asiática, a aplicação da gestão do conhecimento associado à enfermagem continua numa fase inicial. Este estudo pretende ajudar as indústrias transformadoras a colmatar esta lacuna tecnológica, que resulta de anos de atraso na implementação de equipamento eletrónico, de técnicas de administração de empresas e dos vários anos de sanções económicas indianas que afectaram significativamente as indústrias transformadoras.

O inquérito, conduzido pelo investigador, incluindo algumas amostras de sectores comerciais da indústria automóvel na nação asiática, mostra que houve um acordo generalizado relativamente aos factores que afectaram a modificação da estrutura no país. Como resultado, o investigador concebeu um grupo de questões que constituem o início de uma exploração estabelecida, juntamente com a ideia de que a teoria KM seria mais aceitável para verificar este espaço.

A implementação de práticas de gestão do conhecimento pode facilitar a produção nas indústrias das seguintes formas

- A identificação do quadro de implementação fornece um conjunto completo de critérios e subcritérios a ter em conta no desenvolvimento global da produção na situação indiana.

- O desenvolvimento de um modelo de implementação de KM consciente da classe pode aumentar a sua qualidade

práticas de gestão e ajudar os estabelecimentos na implementação autónoma da gestão do conhecimento.

- A definição de prioridades para os critérios e subcritérios de implementação da gestão empresarial pode facilitar

especializar-se no melhor critério e subcritério de prioridade nas fases iniciais da implementação da gestão do conhecimento.

- Após a aplicação das práticas de gestão empresarial, as indústrias produtoras analisarão e avaliarão os resultados com as práticas de gestão empresarial opostas.

1.4 Objetivo da investigação

O objetivo desta investigação é desenvolver uma extensão da Gestão do Conhecimento para a aceitação do modelo para uma utilização específica e investigar a aceitação da Gestão do Conhecimento nas indústrias auxiliares do sector automóvel indiano. Este modelo centrar-se-á exclusivamente na identificação dos factores críticos que influenciam a aceitação destes sistemas.

1.5 Objectivos da investigação

Os objectivos desta investigação são os seguintes:

1. Compreender as indústrias auxiliares de fabrico de automóveis na Índia.

2. Identificar medidas para a implementação da gestão do conhecimento e desenvolver um roteiro para a sua implementação nas indústrias transformadoras.

3. Compreender como o desempenho é avaliado e identificar os parâmetros adequados para a medição do desempenho nas indústrias transformadoras.

4. Investigar a adoção de sistemas de gestão do conhecimento por indivíduos e organizações na Índia.

5. Identificar os problemas com que os indivíduos e as organizações na Índia se deparam quando adoptam ou utilizam estes novos sistemas.

6. Avaliar os dados relativos ao estado atual das convicções da associação e

comportamentos em relação à receção de KM e para criar e aprovar as ligações entre os componentes que impulsionam a seleção e o reconhecimento de tais quadros.

1.6 Contribuições para a investigação

Esta investigação dá três contributos fundamentais:

1. Contribuir para o conhecimento e a teoria através da conceção de uma expansão da gestão do conhecimento (GC) e de outras variáveis.

2. Dar um contributo metodológico através da utilização de métodos mistos de investigação para responder às questões de investigação e validar os resultados. Atualmente, existem poucos estudos que utilizam métodos mistos de investigação no domínio da gestão do conhecimento.

3. Fornecer uma contribuição prática às organizações e aos gestores, oferecendo uma ferramenta que permita ao sector industrial indiano planear a adoção de sistemas de gestão do conhecimento, de forma eficaz e bem sucedida, para melhorar o desempenho, a vantagem competitiva e o seu trabalho.

1.7 Estrutura da organização

O conteúdo deste livro é o indicado abaixo.

O Capítulo 1 apresenta uma panorâmica da investigação, fornecendo os antecedentes para o estudo da gestão do conhecimento na Índia. O capítulo também discute as questões de investigação e delineia as metas e os objectivos, juntamente com a contribuição esperada da investigação. Motivação para centrar este estudo nas indústrias automóveis indianas, situadas em Pimpri-Chinchwad, Pune e, por conseguinte, a gestão do conhecimento é um elemento associado à inovação na enfermagem nos países asiáticos, e as indústrias automóveis são um tópico digno de ser verificado, na esperança de aumentar a produtividade nas indústrias transformadoras no futuro. A gestão do conhecimento tem sido amplamente estudada nos países em desenvolvimento; no entanto, relativamente poucos estudos são efectuados nos países em desenvolvimento, com a escassa investigação na nação asiática. Justificando o trabalho de investigação, o desenvolvimento de um modelo de implementação da gestão do conhecimento consciente da classe pode impulsionar as suas práticas de gestão da qualidade e ajudar os estabelecimentos na implementação autónoma da gestão do conhecimento.

Os objectivos e contributos da investigação são os seguintes

O Capítulo 2 apresenta a revisão da literatura sobre a gestão do conhecimento de vários investigadores. Também descreve o conceito de gestão do conhecimento, bem como os factores que influenciam a gestão do conhecimento. Os vários factores críticos que afectam as práticas de gestão do conhecimento.

O Capítulo 3 apresenta uma revisão das perspectivas teóricas dos sistemas de informação, bem como o enquadramento teórico do presente estudo. O conceito de conhecimento, os tipos de conhecimento, os desafios do conhecimento, as várias definições de conhecimento, a gestão do conhecimento, os aspectos da gestão do conhecimento e a medição da gestão do conhecimento.

O capítulo 4 apresenta a metodologia de investigação, incluindo uma discussão sobre os paradigmas de investigação no contexto dos métodos de gestão do conhecimento. Foram efectuados os cálculos da amostra e as entrevistas com peritos, os critérios finais e os subcritérios. No "anexo 1" foi elaborado o questionário e no "anexo 2" foi elaborado o perfil demográfico dos inquiridos.

O capítulo 5 apresenta as metodologias de investigação e fornece uma ampla revisão das variáveis da gestão do conhecimento e da sua análise utilizando o software SPSS 16 para calcular vários parâmetros como o fator alfa de Cronbach para testar a fiabilidade dos factores. Foram realizadas outras investigações como resultados da análise dos dados quantitativos, incluindo a análise da fiabilidade, o teste KMO e de Bartlett, a variância dos resultados, os componentes rodados e a carga fatorial para cada subcomponente.

Chapter 6 apresenta a discussão dos resultados da investigação extraídos dos resultados qualitativos e quantitativos. A modelação estrutural interpretativa é efectuada para descobrir as relações entre as subvariáveis

Chapter 7 apresenta um resumo dos resultados da investigação e relaciona-os com as questões de investigação; discute as implicações e contribuições da investigação, as suas limitações e sugestões para estudos futuros.

Chapter 8 apresenta as conclusões e as limitações do trabalho de investigação.

2. REVISÃO DA LITERATURA

Wang et al. (2005) afirma que a maioria das empresas começou a compreender a importância da gestão do conhecimento na racionalização das suas operações e procedimentos para melhorar a execução hierárquica. Assim, neste artigo, tentam rever e apresentar um modelo para medir a realização da gestão do conhecimento em pequenas e médias empresas (PME). Este estudo é o teste exato primário de uma apropriação do modelo de realização de KM de Jennex e Olfman (J&O), considerado um retrato superior da realização de KM devido ao seu sólido estabelecimento hipotético na investigação dos impactos da KM e das colaborações na rentabilidade do trabalho em contextos de PME de Taiwan. As estratégias de apresentação de demonstrações matemáticas básicas estão ligadas a informações recolhidas através de sondagens de 277 especialistas em conhecimento. Todas as ligações especuladas entre as variáveis são essencialmente reforçadas pela informação. As descobertas serviram de referência útil para os cientistas interessados em investigar questões identificadas com a execução frutuosa da gestão do conhecimento, e para os especialistas que planeiam realizar as vantagens da gestão do conhecimento nas PME.

Ghobadi *et al.* (2013) está disponível e aprova exatamente um Modelo Competitivo de Partilha de Conhecimento que compreende os poderes fundamentais da Partilha de Conhecimento de Alta Qualidade em grupos de avanço de programação multipath. Mais particularmente, incorporamos o Modelo de Partilha de Conhecimento e a Teoria da Interdependência Social para clarificar as forças subjacentes à Partilha de Conhecimento de Elevada Qualidade em grupos de desenvolvimento de programação transversal. Tendo em conta a investigação de informações recolhidas junto de 115 chefes de empresas de desenvolvimento de programas, investigamos os componentes através dos quais as práticas concomitantes úteis e agressivas impulsionam a Partilha de Conhecimentos de Elevada Qualidade entre colegas inter-utilitários. De igual modo, demonstramos como várias interdependências que estão simultaneamente em curso incitam a práticas úteis e focalizadas. Este estudo é o primeiro estudo que inclui tanto os predecessores da concordância síncrona e das práticas como os instrumentos através dos quais a participação simultânea e a rivalidade têm impacto nas práticas de partilha de aprendizagem. O modelo contribui para o ponto de vista das possibilidades crescentes relacionadas com a investigação da participação e da rivalidade em grupos de desenvolvimento de estruturas.

Rasula *et al.* (2012) afirmam que a administração do conhecimento é um procedimento que transforma a aprendizagem singular em informação hierárquica. O objetivo deste artigo é demonstrar que, através da criação, agregação, organização e utilização do conhecimento, as associações podem melhorar a execução com autoridade. O efeito da administração da aprendizagem sobre a execução foi testado exatamente através da demonstração de demonstrações matemáticas auxiliares. O espécime incluiu 329 organizações na Eslovénia e na Croácia com mais de 50 representantes. Os resultados demonstram que a administração da aprendizagem é medida através de. A inovação do conhecimento, a associação e o conhecimento influenciam enfaticamente a execução autoritária.

Khalifa *et al.* (2012) descobriram que a Gestão do Conhecimento (GC) é uma parte crítica em numerosas associações, especialmente no sector do desenvolvimento. Existem inúmeras dificuldades que afectam a partilha e a utilização da informação devido à velocidade de expansão implacável com que se desenvolvem os novos avanços. Estes exigem, de forma fiável, uma aprendizagem nova ou revista e permitem novas práticas de trabalho. A motivação subjacente a este documento é reconhecer as principais considerações de realização significativas que influenciam a utilização da GC na atividade de desenvolvimento na Líbia. Tendo em conta as conclusões do estudo, é proposto e aceite um modelo de um elemento-chave de realização. O reforço da administração de topo e a partilha de informação foram considerados indicadores críticos da execução da administração da aprendizagem. Estas descobertas podem dar algumas ramificações aos profissionais e analistas que estão ocupados com a execução da gestão do conhecimento e para o plano de enquadramento da gestão do conhecimento.

Ultimamente, o Sistema de Gestão do Conhecimento tem sido muito considerado em todas as divisões, uma vez que é um instrumento importante para melhorar a execução. Neste estudo, será efectuada uma exploração informativa sobre a avaliação dos quadros de gestão da aprendizagem no Banco Central do Barém (BCB), com base numa análise dos chefes que trabalham no Banco Central do Barém (BCB).

O nosso objetivo é avaliar o efeito da atualização do quadro de administração da aprendizagem na liderança básica, avaliando o efeito das variáveis-chave da informação, que são a base de inovação de dados, os recursos humanos, a partilha da aprendizagem e o modo de vida da associação.

O estudo investiga a relação entre a administração da aprendizagem e a liderança básica. Descobre que os componentes da administração da informação são indicadores vitais que devem ser actualizados de forma viável para se chegar a escolhas frutuosas. Erne.R, afirma que Peter Drucker expressou que uma das dificuldades colossais da administração do século XXI seria tornar os trabalhos de informação rentáveis, tendo havido uma grande quantidade de exploração sobre este tema. Apesar disso, ainda não foi apresentada uma resposta observacionalmente estabelecida a partir de uma perspetiva transversal no que respeita às dificuldades particulares que podem estar incluídas na rentabilização dos trabalhadores da informação. Este artigo fecha esta lacuna de exploração ao resumir os indicadores utilizados em cinco associações sérias baseadas no conhecimento. Inclui várias áreas de negócio para a avaliação da execução dos especialistas em aprendizagem e para derivar as dificuldades particulares incluídas na administração dos trabalhadores do conhecimento.

Salisbury *et al.* (2001), retratam a configuração e a melhoria de um quadro de administração da informação baseado na Web que é utilizado pelo Departamento de Energia dos Estados Unidos e pelos seus parceiros. Para delinear este quadro, começámos por construir um estabelecimento hipotético que designamos por 'Modelo de Cognição Colaborativa'. Este modelo alarga as representações actuais da criação de aprendizagem, reconhecendo classificações distintas de informação incluídas no processo e a forma como essas classificações diversas são captadas e trocadas entre pessoas ao nível da autoridade. Para lidar com a qualidade multifacetada da melhoria do quadro, estabelecemos o objetivo de delinear um quadro que fosse versátil ao seu ambiente - um quadro vivo. Para atingir este objetivo, caracterizámos as necessidades subjacentes, montámos um modelo e analisámos os clientes delegados. Utilizámos as consequências desta avaliação para construir o período principal da estrutura. Assim, começámos a fabricar e a atualizar uma estrutura que muda poderosamente e que depende das necessidades dos seus clientes.

Jafari, *et al.* (2009), A cartografia do conhecimento é um dos procedimentos essenciais na administração da informação. Antes de aplicar qualquer procedimento de mapeamento de conhecimentos, as associações devem certificar-se da sua prosperidade e viabilidade. Existem métodos distintos para o mapeamento da aprendizagem. Claramente, nenhuma estratégia pode afirmar que possui uma metodologia coordenada de mapeamento da aprendizagem, além de poder considerar todos os pontos de vista. Por conseguinte, as associações devem escolher um procedimento de mapeamento que seja produtivo para elas. Neste artigo, é proposto um sistema para a escolha da estratégia de mapeamento do conhecimento mais adequada. Ao utilizar esta estrutura, os especialistas podem contrastar diversos sistemas e encorajar o processo de escolha para as suas associações. A estimativa desta estrutura é que, com a utilização da mesma, as associações podem avaliar o seu sistema de mapeamento de conhecimentos relativamente aos elementos chave do mesmo antes de executarem qualquer estratégia e consumirem despesas adicionais.

Na economia informatizada, a aprendizagem é vista como um benefício numa associação, e a execução da gestão do conhecimento (KM) reforça uma organização na criação de artigos imaginativos e na tomada de decisões sobre as escolhas fundamentais da administração básica para o brilhantismo empresarial. A gestão da relação com o cliente (CRM) é um aparelho de administração que potencia a inovação do conhecimento e que trata da associação com os clientes para os compreender, visar e atrair, com o objetivo de satisfazer e manter os clientes. O seu potencial de energia cooperativa atrai a consideração do grupo académico e levou ao surgimento do modelo de gestão das relações com os clientes (CRM). Num espaço de gestão do conhecimento, uma tarefa vital é a transformação da informação implícita em informação expressa, pelo que o método de Kano, já enraizado, surgiu para solicitar e concentrar a informação dos clientes para a criação de uma qualidade apelativa em novos empreendimentos de desenvolvimento de artigos. Como resultado, este estudo propõe um modelo Kano-CKM com uma estratégia para retratar inequivocamente o procedimento de gestão do conhecimento do cliente para a melhoria criativa do item. Um empreendimento de levantamento estatístico ao nível da indústria, aplicando o modelo Kano-CKM, foi capaz de apresentar uma defesa de bom gosto e será retratado para que a situação se concentre numa parte deste artigo.

Sajjad (2008) aborda a forma como o conhecimento está a ser transmitido entre os indivíduos de uma parceria alargada e propõe um sistema razoável que garante ser o mais adequado para um movimento de conhecimento viável na nova economia do conhecimento. O exame inclui uma análise contextual interna e externa dos sistemas de transmissão de conhecimentos utilizados como parte de uma reunião sediada no Reino Unido no âmbito de uma parceria mundial inovadora que foi escolhida propositadamente para a acumulação de informações. Foi criado um instrumento semi-organizado tendo em conta o levantamento da literatura sobre gestão do conhecimento. O método de investigação da informação no âmbito da análise contextual utilizada nesta exploração dependeu da metodologia proposta por Miles e Huberman.

Partindo de um trabalho exato numa parceria de vanguarda expansiva, este artigo propõe uma metodologia transversal que percebe o intercâmbio entre as componentes delicadas e duras, e se situa entre os instrumentos algo diferentes.

Uma vez que o documento se baseia num cenário de exploração solitário, as descobertas têm potenciais impedimentos no que respeita à generalização e à transferibilidade. Até à data, parece que os sistemas delicados e rígidos estão a ser utilizados para o intercâmbio de conhecimentos. Existe uma grande variedade nas perspectivas dos analistas sobre a parte das duas formas de lidar com o movimento de informação numa associação. A forma proposta de lidar com o intercâmbio de conhecimentos, a meio caminho, dá argumentos capazes para uma perspetiva mais abrangente no que diz respeito ao intercâmbio de conhecimentos, que é urgente para a execução efectiva da gestão do conhecimento.

Yang *et al.* (2007), apresentam a estrutura da informação para uma associação baseada no conhecimento que coordena a informação em objectivos de autoridade. A estrutura, a capacidade e o procedimento de uma associação viável foram discutidos, o que deu uma premissa para construir um sistema de gestão do conhecimento (KM) e mostrar a estrutura da informação numa associação baseada na aprendizagem. Tendo em conta a visão dos quadros e o modelo de quadros adequados (VSM), foi analisado um conjunto de práticas de KM distribuídas até à data para posicionar os diferentes conteúdos de conhecimento.

Este estudo propôs uma estrutura de enquadramento adequada para a gestão hierárquica do conhecimento, tendo em conta o VSM de Beer. Utilizando a estrutura de enquadramento prática, o conhecimento autorizado pode ser caracterizado em quatro classificações. O conteúdo do conhecimento foi enunciado tendo em conta a visão da estrutura. Subsequentemente, a estrutura do conhecimento das diferentes hierarquias administrativas pode ser identificada.

O resultado contribui para o ato de oficializar o conhecimento, apoiando a análise e o esboço de uma associação bem sucedida baseada no conhecimento. Além disso, a estrutura fornece uma premissa para futuros estudos de observação sobre as ligações entre as metodologias de gestão do conhecimento e a viabilidade da autoridade. Existe um sistema de gestão do conhecimento específico que pode ampliar a adequação de cada um dos quatro tipos de conhecimento.

Ameri *et al.* (2005) afirma que a realização das empresas de montagem é controlada pela realização dos artigos que elas apresentam ao sector empresarial. Esta é a razão pela qual as organizações tentam constantemente aumentar a eficácia do seu processo de reconhecimento de artigos. A Gestão do Ciclo de Vida do Artigo (PLM) é um sistema empresarial que planeia racionalizar o fluxo de dados sobre o artigo e os procedimentos relacionados ao longo do ciclo de vida do artigo, de modo a que os dados certos, na ligação certa e no momento ideal, possam estar acessíveis. No entanto, algumas associações estão situadas para beneficiar do PLM. Uma razão importante para tal é a ausência de uma compreensão clara do que é o PLM, dos seus elementos centrais e capacidades, e da sua relação com o conjunto de dispositivos de programação actuais. Este documento espera fazer isso, além de expor a parte da PLM como um quadro de gestão do conhecimento.

Kalkan V.D. (2008), tem como objetivo oferecer uma perspetiva geral dos desafios da gestão do conhecimento para as empresas mundiais através da análise das dificuldades e da proposta de ramificações hipotéticas e administrativas. À luz de uma extensa auditoria escrita, o documento reconhece seis desafios fundamentais da gestão do conhecimento com que as empresas mundiais se confrontam atualmente. Nessa altura, as dificuldades são abordadas em relação à prática administrativa. O documento sustenta que a construção de um significado funcional do conhecimento, a gestão da informação não dita e a utilização da inovação de dados, ajustada à imprevisibilidade social, e o respeito pelos RH, o crescimento de novas estruturas de autoridade e a adaptação à rivalidade alargada são os principais desafios da gestão do conhecimento com que se confrontam atualmente as empresas a nível mundial.

Ramificações viáveis - As sugestões sugeridas incorporam uma maior ênfase administrativa na consideração e gestão dos desafios da gestão da informação de uma forma abrangente, considerando todas as componentes internas e externas que afectam o processo de gestão do conhecimento.

O documento avalia as descobertas básicas do texto no âmbito do avanço verificável da gestão do conhecimento, esclarece os principais desafios da gestão do conhecimento enfrentados atualmente pelas associações empresariais mundiais e oferece uma estrutura fundamental para estudos futuros.

Choi *et al.* (2002) afirmam que o conhecimento tem de ser considerado como um recurso vital rentável que pode proporcionar vantagens exclusivas. É vital que as organizações se separem através de técnicas de gestão do conhecimento. Sem uma formação constante de conhecimentos, uma empresa está condenada a uma má execução. Em todo o caso, ainda não se sabe ao certo como é que estes procedimentos influenciam a criação de conhecimento. As metodologias de gestão do conhecimento podem ser classificadas como sendo de natureza humana ou estrutural. Este artigo propõe um modelo para delinear a ligação entre os sistemas e o seu processo de criação. O modelo é determinado com base em testes efectuados em 58 empresas coreanas. O modelo delineia como as organizações devem ajustar os sistemas a quatro modos de criação de conhecimento, por exemplo, socialização, externalização, combinação e internalização. Verifica-se que a metodologia humana será provavelmente viável para a socialização, enquanto o procedimento de enquadramento será provavelmente bem sucedido na combinação. Além disso, o resultado geral propõe que os supervisores devem alterar os sistemas de gestão do conhecimento na perspetiva das qualidades das suas especializações.

Nguyen *et al.* (2009) afirma que a parte básica da gestão do conhecimento na realização e gestão da vantagem tem sido enfaticamente sublinhada na literatura existente. Seja como for, a maioria dos estudos anteriores foi habilmente fundamentada e observacionalmente inspeccionada em nações de ponta, criadas e recentemente industrializadas. Além disso, a investigação até à data tem investigado predominantemente as descobertas a partir de uma visão expansiva da organização, ao passo que pouco esforço tem sido feito para abordar o significado relativo de vários componentes que constituem a capacidade de KM autoritária no que diz respeito à ascensão asiática, nações menos criadas, por exemplo, o Vietname, onde existe atualmente uma economia comunista do sector empresarial, uma sociedade confucionista e uma parte de leão de pequenas e médias empresas. Ao receber uma hipótese da empresa baseada em activos com um aumento de um ponto de vista baseado no conhecimento, este documento pretende criar e aceitar de forma observacional um modelo razoável das ligações entre as partes da capacidade de KM e os seus efeitos na vantagem de uma empresa no Vietname. As consequências de 148 inquiridos no sector do desenvolvimento reconfirmaram uma atenção geral encontrada na escrita de que uma metodologia social e mecânica unida é perfeita para explorar as suas enormes relações positivas no aumento da vantagem de autoridade. Além disso, no caso específico do Vietname, o estudo mostrou que, embora a sociedade seja a questão mais importante que influencia a gestão do conhecimento, a incorporação da tecnologia da informação pode ajudar a ultrapassar os obstáculos sociais e a reforçar o compromisso com a autoridade.

Wong.K.Y (2006), sugeriu que os elementos básicos de realização (QCA) para a execução da gestão do conhecimento (GC) em pequenas e médias empresas (PME) não foram explorados de forma metódica. Os estudos existentes obtiveram os seus CSFs do ponto de vista das grandes organizações e não consideraram os requisitos das organizações mais pequenas. Este documento foi planeado para colmatar esta lacuna. Os estudos existentes sobre os QCA foram investigados e os seus limites foram reconhecidos. Ao incorporar partes de conhecimento retiradas destes estudos e ao incluir alguns elementos novos, o criador propôs um arranjo de 11 QCA que é aceite como sendo mais apropriado para as PME. A importância dos QCA propostos foi hipoteticamente discutida e legitimada. Além disso, foi efectuada uma avaliação experimental para avaliar o grau de concretização desta recomendação. Os resultados gerais da avaliação observacional foram seguros, espelhando assim a adequação dos QCA propostos.

São eles:

- Liderança e apoio da direção;
- Cultura;
- TI;
- Estratégia e objetivo;
- Medição;
- Infra-estruturas organizacionais;
- Processos e actividades;
- Ajudas motivacionais;

- Recursos;
- Formação e educação; e
- GESTÃO DE RECURSOS HUMANOS.

A organização dos QCA pode funcionar como um resumo dos aspectos que as PME devem abordar ao receberem a gestão do conhecimento. Isto garante que as questões e componentes fundamentais são assegurados durante a execução. Para os académicos, proporciona-lhes um dialeto típico para falarem e estudarem as variáveis críticas para a realização da gestão do conhecimento nas PME. Este estudo é, muito provavelmente, o primeiro a apresentar um ponto de vista integrador dos QCA para atualizar a gestão do conhecimento no segmento das PME. Fornece dados significativos que, idealmente, ajudarão esta divisão empresarial a concluir a gestão do conhecimento

Chen *et al.* (2006) sugeriram que, na economia informatizada, a informação é vista como uma vantagem numa associação, e a utilização da gestão da aprendizagem (KM) reforça uma organização na criação de artigos inventivos e na tomada de decisões sobre as escolhas fundamentais da administração básica para a incredibilidade do negócio. A gestão das relações com os clientes (CRM) é um dispositivo de administração que potencia a inovação dos dados e que trata da associação com os clientes para os compreender, visar e atrair, com o objetivo de satisfazer e manter os clientes. O seu potencial de colaboração atrai a consideração do grupo académico e levou ao desenvolvimento do modelo de gestão das relações com os clientes (CKM). Numa área de gestão do conhecimento, uma tarefa imperativa é a transformação da informação implícita em conhecimento inequívoco, pelo que o método de Kano, já enraizado, surgiu para solicitar e concentrar a informação do cliente para a criação de qualidade apelativa em novos empreendimentos de desenvolvimento de artigos. Como resultado, este estudo propõe um modelo Kano-CKM com um procedimento para retratar com precisão o procedimento de divulgação do conhecimento do cliente para o avanço criativo do item. Um empreendimento de levantamento estatístico ao nível da indústria, aplicando o modelo Kano-CKM, foi capaz de introduzir uma defesa aceitável e será retratado para a situação que concentra uma parte deste artigo.

Wong *et al.* (2005), descobrem que os elementos básicos de realização (CSFs) para adotar a gestão do conhecimento (KM) em pequenas e médias empresas (PMEs) - um território que, até à data, quase não foi considerado na escrita. Foi produzido um instrumento de análise com 11 componentes e 66 componentes. Através de uma análise postal, foram procuradas informações junto de PME no Reino Unido. Além disso, foi controlada uma análise paralela a uma reunião de académicos, peritos e especialistas no domínio da gestão do conhecimento, com o objetivo específico de proporcionar uma perspetiva mais abrangente dos QCA.

O instrumento de estudo pareceu ser sólido e substancial. Foram então efectuadas investigações factuais correlacionadas. Ao incorporar os resultados de ambas as reuniões de inquiridos, foi criado um resumo organizado de CSFs, todos juntos de importância para a atualização da KM.

1. Liderança e apoio da direção;
2. Cultura;
3. Estratégia e objetivo;
4. Recursos;
5. Processos e actividades;
6. Formação e educação;
7. Gestão dos recursos humanos;
8. Tecnologias da informação;
9. Ajudas motivacionais;
10. Infra-estruturas organizacionais; e
11. Medição.

Para estes elementos, descobriram o fator alfa de Cronbach, o fator Kaiser-Meyer-Olkin, a carga do fator e o valor Eigen dos métodos estáticos de apoio para apoiar o trabalho de investigação. O número de respostas recebidas foi bastante reduzido, uma vez que a gestão do conhecimento é uma disciplina nova e emergente, e não são muitas as PME que a implementaram formalmente. Os resultados deste estudo ajudariam as PME a compreender melhor a disciplina de gestão empresarial, a facilitar a sua adoção e a dar prioridade às suas práticas. Os académicos podem utilizar os resultados para criar modelos que expandam ainda mais o domínio da gestão do conhecimento. Este estudo é provavelmente o primeiro a determinar sistematicamente os QCA para a implementação da gestão empresarial no sector das PME. Constitui uma fonte de informação útil para as PME, que ainda estão muito atrasadas no que diz respeito às práticas de gestão do conhecimento.

Mehregan *et al.* (2012), Este artigo procura dois pontos dignos de nota: em primeiro lugar, separar a gestão do conhecimento, variáveis básicas de realização por meio de auditoria exaustiva de escritos de KM; Em segundo lugar, propor uma nova metodologia para avaliar KM que coordena dois procedimentos administrativos seguramente compreendidos; elementos básicos de realização (CSFs) e investigação social escura (GRA). Esta metodologia utiliza os

QCA como estratégia para caraterizar os critérios de avaliação da gestão do conhecimento e utiliza a GRA para pontuar e organizar as actividades de aprendizagem.

Os factores críticos de sucesso como

- Carácter organizacional,
- Tecnologias da informação,
- Apoio à gestão,
- Estratégia de conhecimento,
- Motivação e empenho dos utilizadores,
- Infra-estruturas técnicas integradas,
- Cultura e estrutura organizacional,
- Uma estrutura de conhecimento comum a toda a empresa,
- Apoio dos quadros superiores,
- Organização de aprendizagem,
- Objetivo e finalidade claros para o KMS,
- Qualidade do sistema, qualidade do conhecimento ou da informação, benefícios percebidos do KMS, satisfação do utilizador e utilização do sistema,
- Processos empresariais, estratégia, liderança, processo de gestão do conhecimento, eficácia e eficiência do sistema de gestão do conhecimento, cultura de aprendizagem, conteúdo do conhecimento,
- Liderança e apoio à gestão, cultura, estratégia e objetivo, medição, infraestrutura organizacional, processos e actividades, ajudas motivacionais, recursos, formação e educação, gestão de recursos humanos,
- Cultura e liderança (redes informais, tolerância ao erro, cultura de projeto, empenhamento da gestão), organização e processo (controlo das actividades de gestão do conhecimento, institucionalização da metodologia multiprocessos/gestão do conhecimento PM/KM), tecnologia da informação e da comunicação Apoio às TIC (comunicação de sistemas, armazenamento de sistemas).

Finalmente, a utilização do exame social obscuro (GRA), que é um método bem-sucedido para quebrar a relação entre arranjos com menos informações, pode derrotar os impedimentos das estratégias factuais.

Segundo Demchig (2015), a principal razão para este estudo é conduzir uma avaliação da capacidade de gestão do conhecimento (GC) e decidir a posição atual do desenvolvimento da gestão do conhecimento de um dos estabelecimentos de ensino avançado da Mongólia. Para a avaliação, este estudo utiliza as gamas de capacidade de conhecimento autorizadas de Kulkarni e Freeze (2004) e o modelo de Avaliação da Capacidade de Gestão do Conhecimento (KMCA). As descobertas e o contexto deste estudo demonstram que, em termos globais, o atual desenvolvimento da capacidade de gestão da aprendizagem do colégio se situa no nível 1 da maturidade da gestão do conhecimento. O estudo demonstra que tanto as zonas de capacidade de aprendizagem autorizadas como o modelo KMCA recomendado por Kulkarni e Freeze (2004) são pertinentes para a ligação ao ensino avançado.

Koivuaho *et al.* (2006), oferecem uma perspetiva de sistemas de correspondência em que os peritos são associados através de fluxos de informação e formulários de correspondência. O discurso centra-se numa investigação contextual de formulários comerciais de programação em duas organizações de programação finlandesas de pequena dimensão. O artigo tem dois objectivos. Para começar, analisa o modelo de fluxo de conhecimento como um dispositivo que pode ser utilizado para criar administrações concentradas em informação. Em segundo lugar, oferece outro método para ver um empreendimento de produto do ponto de vista da correspondência e do fluxo de conhecimento.

Lehner *et al.* (2010), demonstraram que a gestão do conhecimento é um elemento básico para a realização de empreendimentos. Ainda não se conhecem adequadamente as componentes que têm impacto na realização da gestão da aprendizagem, de modo a avaliar a viabilidade da gestão do conhecimento. Este documento apresenta um estudo quantitativo para examinar estes componentes. Em primeiro lugar, é feita uma revisão do trabalho experimental adotado e das potenciais variáveis de realização. De seguida, apresenta-se o sistema do estudo. Consequentemente, são apresentados os rudimentos da modelação de equações estruturais auxiliares (SEM). É apresentada a distinção entre estrutura e modelo de estimativa e são apresentadas diversas medidas de legitimidade. Do mesmo modo, são apresentadas duas técnicas normais e concebíveis para avaliar uma SEM, o exame de co-mudança e a investigação de flutuação. Em terceiro lugar, é apresentado um modelo específico para a utilização de um SEM como parte da definição da realização da gestão do conhecimento. O modelo depende da hipótese de conduta organizada e é ajustado ao contexto da realização da gestão do conhecimento. Desta forma, a realização da gestão da aprendizagem é vista a um nível individual, o que implica que uma gestão frutuosa do conhecimento leva a uma fantástica oferta de aprendizagem da parte da associação.

Moffett *et al.* (2010) afirmam que, com o desenvolvimento da indústria concentrada no conhecimento, em que as associações dependem da aprendizagem do seu pessoal para obter vantagens (Lustri *et al.* 2007), a gestão do conhecimento tornou-se fundamental para a realização de negócios (Mu-Jung *et al.* 2007); tem sido vista como uma moda predominante (Ramsey, 1996); que pode ser uma capacidade de negócio necessária (Zhou *et al.* 2003) em organizações convencionais e baseadas na Web (Borges Tiago *et al.* 2007). Em suma, a gestão do conhecimento é atualmente vista como um fator-chave para a obtenção de receitas (Yang, 2008). Apesar dos imensos avanços feitos na gestão do conhecimento ao longo da última década (Omega Editorial, 2009), existe muita desordem em torno da utilização prática de projectos orientados para a aprendizagem, o que provoca uma ênfase excessiva na inovação em detrimento de uma organização satisfatória dos indivíduos/qualidade, ou projectos sólidos/qualidade do ponto de vista da informação, perturbados por avanços deficientes na capacitação. Por exemplo, as associações abordam a forma como os actuais modelos, sistemas e projectos de KM podem ser ligados a todas as associações de forma consistente? Na eventualidade de as progressões serem importantes para a metodologia adoptada por uma associação, quais são essas progressões e quais são os factores subjacentes às abordagens de mudança, em grande medida, alterações de execução ou existem questões mais cruciais a determinar? As questões mais importantes (King, 2007) estão a ser tratadas? Como é caracterizada a realização da gestão do conhecimento? (Jennex *et al.*, 2007) Tendo em conta o capital de especulação expansivo utilizado por numerosas organizações em estruturas de gestão empresarial (Curley, 1998) e o número crescente de organizações que consideram que a gestão empresarial pode ajudá-las a sobreviver e a enfrentar a concorrência, é necessário realizar estudos mais conclusivos e exaustivos neste domínio para um exame exato e deliberado e investigações contextuais ricas de cima a baixo. Este documento apresenta as consequências da exploração observacional efectuada em meados de 2009 em 588 organizações do Reino Unido. O objetivo da investigação é analisar o efeito do modelo MeCTIP [Moffett, 2000; Moffett *et al.* 2002, 2003] nas organizações do Reino Unido para distinguir as variáveis-chave para uma utilização, prática e melhoria frutuosas da gestão empresarial. A exploração utiliza o instrumento de síntese em linha 'Benchmarking KM'. Este artigo concentra-se na estratégia de análise e nos resultados iniciais da análise, utilizando estratégias de investigação factuais, por exemplo, análise clara e de componentes. São reconhecidas as vias para investigação futura.

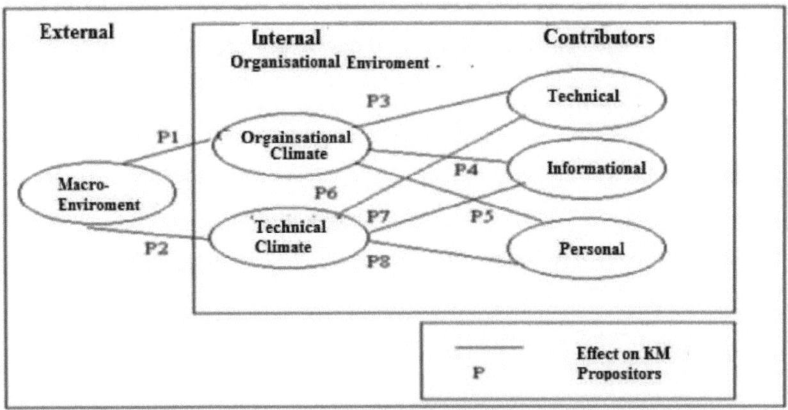

Figura 1: Modelo MeCTIP

Também apoiam as variáveis com o KMO e o Teste de Bartlett para a Medida de Adequação da Amostragem e o Teste de Esfericidade de Barlett foram utilizados.

Tan *et al.* (2011) elaboraram que o avanço organizacional tem sido visto como uma arma fundamental para que as associações possam competir neste ambiente de negócios agressivo. Especialmente, as empresas de fabrico da Malásia esforçam-se por mudar o seu plano de ação de trabalho sério para conhecimento concentrado, o que significa inundarem-se em exercícios incluídos de maior qualidade, por exemplo, o crescimento de novos itens, procedimentos e administrações, para manter incessantemente a intensidade dentro das competições. Uma das abordagens para aumentar o avanço hierárquico é através da gestão das relações humanas (GRH) e da gestão viável da informação. Este estudo inspeccionou as ligações imediatas entre os ensaios de GRH (exame de execução, administração de vocações, preparação, quadro de recompensas e alistamento) e o avanço autoritário (desenvolvimento de itens, desenvolvimento de processos e desenvolvimento de gestão). Para além disso, analisou adicionalmente a parte interveniente da viabilidade da relação imediata da KM. O conhecimento foi extraído de uma amostra de 171 grandes empresas de montagem na Malásia. Os resultados demonstraram que a gestão de recursos humanos afecta positivamente o desenvolvimento hierárquico. Em particular, as descobertas mostram que a preparação foi decididamente identificada com três medidas de avanço autoritário (desenvolvimento de itens, avanço de processos e avanço regulamentar). A avaliação da execução também afectou positivamente o avanço da gestão. Além disso, este concentrado mostra ainda que a preparação e o exame da execução são decididamente identificados com a viabilidade da gestão da aprendizagem. A viabilidade da gestão do conhecimento explicou completamente a relação entre a preparação e o avanço do processo, a preparação e o desenvolvimento regulamentar, e o exame da execução e o avanço autoritário. É apresentado um discurso sobre as descobertas, os constrangimentos e as sugestões.

Gaal et al. (2012) esclarece que, atualmente, o conhecimento está a tornar-se uma componente inexoravelmente vital da intensidade hierárquica. A forma como é partilhado no seio da associação é fundamental e fulcral para a realização das associações, bem como entre os indivíduos que o oferecem, uma vez que os indivíduos que participam no processo de partilha de conhecimentos beneficiam adicionalmente do mesmo. Uma vez que os supervisores de centro têm uma posição crítica dentro da associação e assumem um papel importante no processo de partilha de informações, este artigo concentra-se na partilha de conhecimentos dos diretores de centro que trabalham em empreendimentos de média e grande dimensão na Hungria. Este documento apresenta outra estratégia para avaliar o desenvolvimento da partilha de conhecimentos dos diretores de centro. Por volta de 2007 e 2010, foi conduzido um estudo exato no âmbito do qual 400 supervisores de centros que trabalham em empreendimentos de média e grande dimensão na Hungria foram examinados através de um inquérito. As respostas deste estudo foram divididas utilizando a Análise de Componentes Principais e foram distinguidas quatro partes vitais diversas relativas ao desenvolvimento da partilha de conhecimentos. Estes quatro segmentos são a acessibilidade entre os administradores dos centros, a acessibilidade entre os chefes dos centros e os seus subordinados, a conveniência da informação entre os supervisores dos centros e o valor da aprendizagem entre os diretores dos centros e os seus subordinados.

Heavin *et al.* (2012) afirmam que a capacidade de uma associação para competir efetivamente num centro comercial em mudança depende da sua capacidade de supervisionar o que sabe, de modo a servir os objectivos da empresa. Embora se tenha argumentado que, devido à sua dimensão, a gestão do conhecimento (GC) não é uma simpatia para com as associações mais pequenas, na atual atmosfera financeira, é normal que uma forma mais formalizada de lidar com a GC permita à organização aproveitar as portas abertas à medida que estas surgem e gerir a instabilidade natural de forma mais viável. Nesta perspetiva, o objetivo deste estudo era conceber um conjunto de activos de conhecimento (AC) que encorajasse a investigação de uma Pequena e Média Empresa (PME) no que diz respeito ao tipo e grau de supervisão do conhecimento. Além disso, a investigação dos ACs permitiu uma compreensão mais proeminente da adequação entre os objectivos da associação e a abordagem de gestão do conhecimento pretendida. Tendo em conta o objetivo final, foram realizadas cinco investigações contextuais. Tendo em conta o agrupamento das AC reconhecidas, foi utilizada uma metodologia de investigação subjectiva para codificar cada uma das vinte e oito reuniões realizadas. As estratégias quantitativas e subjectivas de exame da substância foram ligadas para encorajar a gestão do conhecimento e produzir importância a partir do notável volume de informação recolhida. O resultado deste estudo incorpora uma ordem de KAs que fornece uma compreensão rica sobre a forma como as PMEs são estimuladas a gerir o conhecimento como um método para alcançar os seus destinos hierárquicos. De uma perspetiva especializada, este estudo procura oferecer uma melhor compreensão da forma como as PME lidam com a gestão do conhecimento.

Ling. Y. H, (2012), ele pretende examinar o efeito do capital académico e da complementaridade do capital académico na atividade mundial de uma associação. O teste foi escolhido com um tipo de inspeção intencional. Os critérios de escolha foram que as organizações precisavam de se situar em Taiwan, no entanto, contendiam com todas as empresas. Em geral, 324 empresas participaram no estudo. O sistema de Modelação de Equações Básicas foi utilizado como parte do exame de conhecimentos. Tendo em conta o resultado da investigação, são apresentadas algumas ramificações. Em primeiro lugar, a importância do capital académico é novamente realçada. Afirma-se que o capital académico melhora a atividade mundial de uma empresa. Além disso, são encontrados alguns impactos diretos do ambiente empresarial entre o capital escolar e as actividades mundiais. Em terceiro lugar, é reconhecida a parte essencial da complementaridade do capital académico. Observa-se que a complementaridade do capital académico afecta positivamente as actividades a nível mundial, tanto nas ligações de elevado dinamismo como nas de baixo dinamismo. Subsequentemente, a estimativa dos segmentos de capital académico pode, na sua maior parte, ser concluída apenas no que diz respeito às suas inter-relações dinâmicas e associação conjunta.

Yip *et al.* (2012), inspeccionaram um dos elementos de realização da execução da Gestão do Conhecimento (GC). O artigo exibiu uma avaliação sobre um dos elementos de realização da execução de KM, para ser específico apoio ao trabalhador na Divisão de Engenharia Mecânica, Escola de Tecnologia, Tunku Abdul Rahman College (TARC). Foi realizado um estudo subjetivo no TARC após a execução da gestão do conhecimento, tendo em mente o objetivo final de inspecionar o valor da cooperação dos trabalhadores. As informações foram recolhidas através de reuniões organizadas. Os resultados revelaram que o investimento dos trabalhadores era uma das variáveis de sucesso para a utilização da gestão do conhecimento. Este estudo pode ajudar os profissionais e académicos a atualizar a gestão do conhecimento de forma viável. O resultado pode naturalizar alguns impedimentos do estudo subjetivo em termos de legitimidade. Neste sentido, sugere-se um exame experimental mais aprofundado num tipo de exploração geral das associações, utilizando a investigação multivariada para aprovar esta conclusão.

Yusuf *et al.* (2014) descobre que, internacionalmente, as fundações governamentais são confrontadas com pedidos para mudar e modernizar as suas operações, a fim de incentivar o avanço na nova economia do "conhecimento". A incapacidade das instituições governamentais para abraçar os ensaios de gestão do conhecimento coloca desafios na proteção da memória institucional devido ao intercâmbio contínuo de especialistas em aprendizagem. A incapacidade de execução da gestão do conhecimento leva a uma capacidade insuficiente de apoiar os empreendimentos do Governo, o que afecta de forma contrária o desenvolvimento financeiro da nação. O estudo examinou os componentes que influenciam a utilização das práticas de gestão do conhecimento. Os objectivos do estudo incluíam a estrutura organizacional, a cultura organizacional, as tecnologias da informação e as capacidades dos recursos humanos. Foi efectuada uma análise estatística dos supervisores de nível central do gabinete de recursos humanos e operações técnicas situado em Nairobi, utilizando uma sondagem auto-regulada organizada. A informação foi analisada utilizando o SPSS. As descobertas revelaram que as estruturas de autoridade nas associações governamentais são progressivas, o que perturba a partilha de conhecimentos, a atual sociedade hierárquica não apoia e não potencia a criação e a partilha de conhecimentos entre os trabalhadores, as capacidades deficientes em inovação de dados e sistemas de PC para encorajar a partilha de informações impediram os esforços de ensaios de gestão do conhecimento e a ausência de obrigações caracterizadas relativamente às actividades de administração da informação (KM) influenciou a execução da KM nas associações. As sugestões incluíam estruturas hierárquicas adaptáveis para reforçar a apropriação da aprendizagem, uma cultura sólida que valorizasse a confiança, a abertura e a amabilidade para revigorar a partilha de conhecimentos, a colocação de recursos na base de dados para reforçar a divulgação de informações e a obtenção de capacidades e aptidões essenciais sobre a utilização convincente da gestão de conhecimentos para garantir a suportabilidade.

Pimchangthong *et al.* (2012), tinham como objetivo investigar as variáveis com impacto no processo de gestão do conhecimento na empresa de montagem e construir um modelo para reforçar as formas de gestão do conhecimento. Os elementos em que se concentraram foram a base de inovação, os activos humanos, a partilha de conhecimentos e o modo de vida da associação. As formas de gestão do conhecimento incluíam a revelação, a recolha, a partilha e a aplicação. Os conhecimentos foram recolhidos através de sondagens e decompostos utilizando numerosas relações diretas e diferentes. Os resultados revelaram que o quadro de inovação, os recursos humanos, a partilha de conhecimentos e a cultura da associação afectaram as formas de revelação e de captação. Seja como for, a partilha de conhecimentos não teve qualquer impacto nos formulários de partilha e de aplicação. Foi criado um modelo para reforçar os procedimentos de gestão do conhecimento, que demonstrou que a partilha de conhecimentos exigia mais mudanças na associação.

Miikka *et al.* (2013), a capacidade da inovação em matéria de dados e correspondência (TIC) para aumentar a eficiência do trabalho de informação está praticamente arquivada na atual redação. Em todo o caso, a investigação anterior negligencia a intenção de examinar se o potencial pode ser reconhecido num determinado contexto de autoridade. Por conseguinte, o presente documento pretende concentrar-se no exame específico dos efeitos das administrações das TIC no trabalho de informação.

Este artigo utiliza um inquérito escrito e uma investigação contextual dirigida a uma organização europeia de teleoperadores de média dimensão. A investigação contextual analisa o processo de estimativa para captar as oscilações de eficiência do trabalho de conhecimento criadas por outra administração de TIC utilizada pela organização.

As TIC podem ser utilizadas para eliminar actividades que não aumentam a estima ou para as tornar mais produtivas. As TIC podem igualmente melhorar o bem-estar dos trabalhadores, por exemplo, através da alteração da substância do trabalho, eliminando exercícios insignificantes. O estudo de observação demonstrou que, contrariamente à perspetiva introduzida no texto anterior, não parece ser assim tão difícil avaliar os efeitos das TIC na eficiência do trabalho do conhecimento. Um ponto-chave na estimativa é a prova reconhecível de variáveis de efeito específicas do caso, observando as qualidades da administração das TIC e o cenário autoritário. Os efeitos posteriores do documento serão valiosos para os chefes que se concentram nos efeitos dos interesses das TIC nas suas associações. Este artigo contribui para a escrita anterior sobre as TIC e a eficiência do trabalho de conhecimento, esclarecendo como os efeitos das TIC podem ser examinados num determinado contexto de observação. A estimativa particular de estranheza do estudo reside na nova informação relativa à prova distintiva dos elementos de efeito.

Dewangan *et al.* (2015) recomendaram que, atualmente, a situação mundialmente focada assume um papel fundamental na realização da área de montagem indiana. O presente estudo sustenta que o desenvolvimento pode assumir um papel essencial para dar essa intensidade ao segmento de montagem indiano. O estudo reconhece 11 influências de reforço para o avanço do desenvolvimento na área de montagem indiana. Tendo em conta a auditoria escrita exaustiva, são obtidos 11 agentes de capacitação para o desenvolvimento dignos de nota. O procedimento Delphi está ligado como um instrumento possivelmente importante para a recolha destes agentes de capacitação. O estudo disseca o efeito dos agentes de desenvolvimento (IE) para melhorar a intensidade da montagem e classifica-se em três fases: em primeiro lugar, a identificação dos agentes de desenvolvimento, em seguida, o exame subjetivo das influências dos agentes de desenvolvimento e, por último, a investigação quantitativa dos agentes de desenvolvimento. O tema da exploração foi classificado em três partes, ou seja, o reconhecimento dos agentes de capacitação a partir da escrita, a realização de entrevistas com executivos de vários gabinetes e o exame das empresas comerciais de montagem. O estudo inclui 100 organizações de montagem em toda a Índia e a informação é acumulada utilizando uma escala de Likert de 5 pontos. A modelação estrutural interpretativa (ISM) foi utilizada para dissecar as ligações entre estes agentes de capacitação e, além disso, o exame MICMAC (Matriced' Impacts Croise's Multiplication Applique's an UN Classement) foi utilizado para descobrir a força motriz e a força de confiança dos agentes de capacitação. Para distinguir a força motriz e a força de confiança dos diferentes IEs, os últimos resultados do ISM são utilizados como dados para o exame MICMAC. Este exame serve para distinguir qual (IEs) está a ser executado como o mais impulsionador para aumentar a agressividade da montagem de empreendimentos comerciais. Este estudo assume um papel imperativo para aumentar a intensidade das empresas comerciais de montagem na Índia.

Singh *et al.* (2013) descobrem que, na economia orientada para a aprendizagem, a informação torna-se a principal fonte para melhorar a eficiência dos empreendimentos comerciais. O conhecimento impulsiona metodologias e procedimentos que impulsionam a Gestão do Conhecimento (GC). A gestão do conhecimento (KM) é um dispositivo que permite captar informações valiosas para as transformar num tipo de associação digno de nota através de uma partilha e reutilização viáveis. A fluidez do fluxo de informação e a sua partilha são a base da GC. Avança ao assumir um papel crítico para melhorar a partilha de conhecimentos (KS) no interior da empresa. Deste modo, é imperativo distinguir e perceber as tecnologias de KM (KMTs) nas empresas comerciais para melhorar a partilha harmoniosa da aprendizagem não dita e, adicionalmente, expressa. Neste estudo, foram distinguidas 24 KMTs como facilitadores fundamentais de KS e KM. A Modelação Estrutural Interpretativa (ISM) foi utilizada para promover ligações comuns entre os KMTs. O ponto principal desta análise é a distinção entre as provas de KMTs na base do sistema progressivo (denominadas KMTs de condução) e aquelas no ponto mais alto da cadeia de comando (denominadas KMTs subordinadas). O sistema progressivo dos KMTs adquirido a partir do modelo ISM ajudará os administradores seniores a coordená-los conforme indicado pela sua energia motriz para aumentar a viabilidade da KM.

Sanjay Kumar *et al.* (2013) descobrem que a parte dos clientes na administração da cadeia de abastecimento verde deve ser distinguida e considerada como um território de exame imperativo. Este artigo é um esforço para investigar a parte da associação de clientes para a ecologização da cadeia de abastecimento (SC). Foi utilizada uma abordagem de exploração observacional para recolher informações essenciais para classificar diversas variáveis para uma contribuição viável dos clientes na execução de ideias ecológicas na CS. Foi apresentado um modelo interpretativo de base e as variáveis foram agrupadas utilizando a investigação Matrice Matrice d'impacts croises-multiplication applique casement. As ligações relevantes entre as variáveis foram construídas utilizando as conclusões dos especialistas. A exploração pode levar os supervisores de ensaios a compreender a associação entre as variáveis que influenciam a contribuição dos clientes. Para além disso, esta compreensão pode ser útil na definição de abordagens e sistemas para a SC verde. A cooperação entre variáveis para uma associação poderosa de clientes na SC ecológica para construir o modelo básico do ponto de vista indiano é um esforço para promover a consciência ambiental.

2.1 Observação e lacunas na literatura

Embora muitas empresas indianas de produção e de serviços tenham começado a implementar a gestão da informação no final da década de 1980 e no início da década de 1990, até à data não foi efectuada muita investigação para desenvolver um modelo de implementação da gestão da informação que possa ser utilizado pela indústria transformadora indiana. Neste sentido, é efectuada uma análise para desenvolver um modelo de implementação de clique no ensino da engenharia, a fim de estimular as suas práticas de gestão da informação. A falta de indicadores adequados para ajudar as indústrias, os esforços de implementação da gestão da informação resultaram numa série de implementações mal sucedidas da gestão da informação na Índia. Algumas das observações e lacunas registadas na literatura são as seguintes

- A fraca adoção do click no sector de produção indiano é especialmente atribuída às caraterísticas intangíveis dos serviços. Assim, nas últimas duas décadas, não foram vários os artigos de análise que abrangeram a implementação completa do click no sector de produção.

- A literatura existente mostra que, apesar de terem sido realizadas várias investigações empíricas sobre as práticas de clique, raramente se vêem estudos que explorem as ideias de clique no contexto indiano e os seus efeitos no desempenho global das indústrias transformadoras.

- Os investigadores não têm prestado atenção suficiente à implementação do clique no sector da indústria transformadora devido à falta de acesso a um roteiro de implementação correto e à ausência de um modelo de prioridades ordenado.

- A maior parte da análise no sector das comissões tem sido qualitativa, centrando-se nos aspectos do clique e ignorando o seu aspeto técnico, ou seja, a utilização de instrumentos, técnicas e práticas de gestão.
- Não se encontra na literatura um quadro de implementação de cliques que considere os pesos dos critérios e subcritérios, enquanto a implementação do roteiro KM não é vista na literatura.
- O comité de avaliação de desempenho no país asiático avalia o desempenho de um estabelecimento privado com base em critérios seguros; não oferece qualquer plano relacionado com a classificação das indústrias transformadoras num cluster excessivo.

Os investigadores utilizaram amplamente ferramentas como a escala de Linkert de 5 objectivos, a técnica Delphi, a metodologia de modelação estrutural interpretativa (ISM), o processo de hierarquia analítica (AHP) em vários sectores para apresentar uma configuração de implementação de cliques, mas este tipo de ensaio não foi visto nas indústrias transformadoras indianas.

3. GESTÃO DO CONHECIMENTO

3.1 Conceito de conhecimento

O conhecimento está a ser progressivamente entendido como a nova chave básica das associações. A visão de mundo mais consolidada é que a aprendizagem é força. Deste modo, é preciso armazená-la, silenciá-la para manter a vantagem. A atitude normal da grande maioria é agarrar-se à aprendizagem, uma vez que é ela que o torna um recurso para a associação. Atualmente, a aprendizagem continua a ser considerada uma força - uma força gigantesca, verdade seja dita - mas a compreensão mudou de forma impressionante, especialmente do ponto de vista das associações. A nova visão do mundo é que, no seio da associação, a aprendizagem deve ser participada com o objetivo final de a desenvolver. Foi demonstrado que a associação que partilha a aprendizagem entre a sua administração e o seu pessoal se torna mais fundamentada e acaba por ser mais orientada. Este é o centro da gestão do conhecimento - a partilha do conhecimento.

3.2 Compreender o conhecimento

Com o objetivo específico de compreender a administração da aprendizagem, é importante começar por compreender a ideia de informação. O que é a aprendizagem? Como é que não é o mesmo que dados? E mais, como é que dados não são o mesmo que informação insignificante?

Começamos pelo conhecimento. O que é o conhecimento? O conhecimento é um número, uma palavra ou uma letra sem qualquer ligação. Por exemplo, números como 5 ou 100, sem qualquer definição, são informações sem importância. Sem referência ao espaço ou ao tempo, esses números ou informações são focos inúteis no espaço e no tempo. A expressão chave aqui é "fora de qualquer conexão relevante com o assunto em questão". Além disso, uma vez que está fora de qualquer conexão relevante com o assunto em questão, então não tem nenhuma conexão importante com qualquer outra coisa.

Uma pequena acumulação de informação não é um dado. Isto implica que, se não houver ligação entre os bits de informação, então não se trata de dados. O que torna uma acumulação de informação um dado é a compreensão das ligações entre os bits de informação ou entre a recolha de informação e outros dados. No fim de contas, o que é fundamental para fazer da informação ou de uma acumulação de informação dados é a ligação, ou seja, a ligação entre os bits de conhecimento.

Dêem-nos uma oportunidade de analisar um caso. Na hipótese de nos serem dados números como 1 e 7, eles não significam muito. Podemos identificar-nos com o número 1 como sendo inferior a 2 e mais proeminente do que 0, enquanto 7 é um número mais notável do que 6, mas inferior a 8. A este nível de compreensão, estes números são informações insignificantes. Seja como for, no caso de associarmos 7 à quantidade de dias numa semana, então fazemos uma definição. Com a definição, estas informações passam a ser dados. Além disso, os dados fornecidos por essa ligação são o facto de haver 7 dias numa semana. Construímos uma relação entre os dois bits de informação 1 e 7. Relacionámos o número 1 com a semana e o número 7 com os dias. Colocámos a informação dentro de uma configuração, criando assim dados.

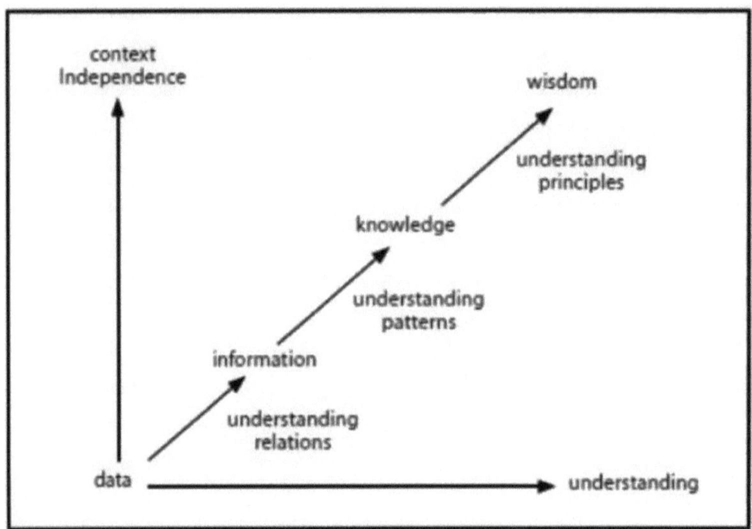

Figura 2: Progressão concetual dos dados para o conhecimento

Este exemplo mostra-nos que a informação implica a compreensão das relações entre os dados (por exemplo, a relação entre o número 1 e o número 7 no contexto do número de dias numa semana). Em geral, a informação permanece relativamente estática no tempo e linear por natureza (Figura 2). A informação limita-se a fornecer a relação entre os dados, pelo que não fornece uma base para explicar porque é que os dados são o que são e não indica como é que os dados são susceptíveis de mudar ao longo do tempo. Em suma, a informação é uma relação entre dados que depende do contexto para o seu significado e com poucas implicações para o futuro.

3.3 Um exemplo: Dados, informação e conhecimento

Este caso utiliza uma conta de investimento bancário para mostrar como a informação, os dados e a aprendizagem se identificam com a chave, o custo de financiamento e o prémio.

Informação: Os números 100 ou 5%, totalmente fora de qualquer ligação relevante com o assunto em questão, são apenas pedaços de informação. Os juros, o essencial e o custo do empréstimo, fora de qualquer ligação relevante com o assunto em causa, são muito pouco mais do que informação, uma vez que cada um tem implicações diferentes que são subordinadas.

Conhecimento: Se eu colocar Rs100 na minha conta de investimento e o banco pagar 5% de prémio por ano, no final de um ano o banco registará o entusiasmo de Rs5 e adicioná-lo-á à minha chave e eu terei Rs105 no banco.

Este exemplo fala de aprendizagem que, quando o compreendo, me permite ver como o exemplo se vai desenvolver ao fim de algum tempo e os resultados que vai criar. Ao compreender o exemplo, eu sei e o que eu sei é aprendizagem. No caso de eu armazenar mais dinheiro no meu registo, percebo que vou adquirir mais prémios, enquanto que no caso de eu retirar dinheiro do meu registo, percebo que vou ganhar menos prémios.

(Fonte: Bellinger, G., "Knowledge Management - Emerging Perspectives",

<http://systems-thinking.org/kmgmt/kmgmt.htm)

No momento em que os dados são tratados, têm o potencial de se tornarem conhecimento. Os dados são preparados quando se encontra uma ligação exemplar entre a informação e os dados. Além disso, quando se pode entender e compreender os exemplos e as suas sugestões, então esta recolha de conhecimentos e dados torna-se conhecimento. Em todo o caso, ao contrário dos dados simples que estão subordinados a uma ligação, a aprendizagem tende a criar o seu próprio ambiente particular.

No fim de contas, os exemplos que falam de aprendizagem tendem a agir de forma naturalmente contextualizadora. Estes exemplos que falam de aprendizagem têm uma normalidade de acabamento - um elemento que os dados negligenciáveis não contêm. Estes exemplos estão alerta. Estão continuamente a evoluir. Em todo o caso, quando estes exemplos são completamente compreendidos, existe um estado anormal de consistência e fiabilidade relativamente à forma como os exemplos irão mudar ou avançar ao fim de algum tempo.

Quando a informação é processada, tem o potencial de se tornar conhecimento. A informação é processada quando se encontra uma relação padrão entre os dados e a informação. E quando se é capaz de perceber e compreender os padrões e as suas implicações, então esta coleção de dados e informações torna-se conhecimento. Mas, ao contrário da mera informação, que depende do contexto, o conhecimento tem a tendência para criar o seu próprio contexto.

3.4 Tipos de conhecimento

Na economia de ponta, o conhecimento que pode selar é a vantagem da associação. Esta vantagem é reconhecida através da utilização plena de dados e conhecimentos combinados com a selagem de capacidades e pensamentos de construção de relações e, além disso, dos seus deveres e inspirações. No contexto empresarial, a aprendizagem é o resultado da associação e do pensamento preciso ligado ao conhecimento e aos dados. É o resultado da descoberta que dá à associação uma vantagem justa e sustentável. Em suma, o conhecimento é um recurso vital que se tornou mais imperativo do que a área, o trabalho ou o capital na economia atual.

No fim de contas, há dois tipos de aprendizagem: o conhecimento não dito e o conhecimento inequívoco. O conhecimento implícito é aquele que está guardado no cérebro de um homem. O conhecimento inequívoco é aquele que está contido em arquivos ou em diferentes tipos de capacidade que não a mente humana. O conhecimento inequívoco pode, por conseguinte, ser guardado ou incorporado em escritórios, artigos, procedimentos, administrações e estruturas. Ambos os tipos de conhecimento podem ser transmitidos como consequência de associações ou desenvolvimentos. Podem ser o resultado de ligações ou conluios. Permeia o trabalho quotidiano das associações e contribui para a realização dos seus objectivos. Tanto os conhecimentos implícitos como os expressos permitem às associações reagir a novas circunstâncias e a dificuldades de desenvolvimento.

3.4.1 Conhecimento tácito

O conhecimento tácito está perto de nós. Está guardado nas cabeças dos indivíduos. É agregado através do estudo e da experiência. É produzido através do processo de associação com outros indivíduos. O conhecimento tácito torna-se através do ato de experimentação e da experiência de realização e desapontamento. O conhecimento tácito, desta forma, é uma ligação particular. É difícil de formalizar, registar ou eloquentar. Incorpora pedaços subjectivos de conhecimento, instintos e suposições. Como informação instintiva, é difícil de transmitir e exprimir. Uma vez que a informação implícita é muito individualizada, o grau e o cargo em que pode ser partilhada depende, por assim dizer, da capacidade e habilidade do indivíduo que a possui para a transmitir a outros.

A partilha de conhecimentos tácitos é um teste fantástico para algumas associações. O conhecimento tácito pode ser partilhado e transmitido através de diferentes exercícios e instrumentos. Os exercícios incluem discussões, workshops, preparação no trabalho e assim por diante. Os componentes incluem, entre outros, a utilização de instrumentos de inovação de dados, por exemplo, correio eletrónico, groupware, mensagens de texto e avanços relacionados. Ao supervisionar a informação inferida, o principal obstáculo para a maioria das associações é reconhecer a aprendizagem implícita que é valiosa para a associação. Uma vez distinguido o conhecimento implícito significativo, este acaba por ser em grande medida lucrativo para a associação que o possui, uma vez que se trata de um recurso único que é difícil de duplicar por diferentes associações. Este facto extremamente normal de ser excecional e difícil de repetir é o que faz da aprendizagem implícita uma premissa da vantagem da associação. Da mesma forma, é fundamental para uma associação encontrar, proliferar e utilizar os conhecimentos implícitos dos seus representantes com o objetivo específico de racionalizar a utilização do seu próprio capital académico.

Em qualquer associação, o conhecimento tácito é essencial para o bom senso. Um outro funcionário que ainda não conheça a associação pensará que é difícil fazer um bom julgamento, uma vez que ainda não adquiriu conhecimentos inferidos sobre o funcionamento da associação. A aprendizagem inferida é, deste modo, fundamental para completar as coisas e fazer com que a associação seja estimada.

Esta é a essência da "associação de aprendizagem". A direção e os representantes têm de aprender e dissimular informações importantes através da experiência e da atividade. Além disso, têm de produzir novas informações através de contactos individuais e colectivos dentro da associação.

3.4.2 Conhecimento explícito

O conhecimento explícito é sistematizado. É guardado em arquivos, bases de dados, sítios, mensagens e assim por diante. É uma aprendizagem que pode ser prontamente tornada acessível a outros e transmitida ou partilhada como dialectos deliberados e formais.

O conhecimento explícito inclui tudo o que pode ser organizado, registado e registado. Inclui recursos de aprendizagem, por exemplo, relatórios, avisos, estratégias de sucesso, desenhos, licenças, marcas registadas, registos de clientes, filosofias, etc. Trata-se de uma coleção da experiência da associação guardada numa estrutura que pode ser rapidamente investida por indivíduos e duplicada, se desejado. Em muitas associações, estes recursos de aprendizagem são guardados com a ajuda de PCs e da inovação de dados.

O conhecimento explícito não está totalmente isolado do conhecimento implícito. Por outro lado, os dois são geralmente correlativos. Sem conhecimento implícito, será problemático, se não mesmo estranho, compreender o conhecimento explícito. Por exemplo, um homem sem conhecimentos especializados, numéricos ou de investigação (informação tácita) terá uma dificuldade extraordinária em compreender uma definição científica profundamente complexa ou um diagrama de fluxo de um processo de mistura, apesar do facto de poder ser prontamente acessível a partir da biblioteca ou das bases de dados da associação (conhecimento explícito). Além disso, a menos que tentemos transformar a informação não dita em conhecimento explícito, não podemos refletir sobre ela, concentrar-nos nela, examiná-la e oferecê-la no seio da associação - uma vez que ficará encoberta e difícil de alcançar dentro do líder do indivíduo que a possui.

3.5 Interação entre tipos de conhecimentos

A informação individual pode chegar a ser uma aprendizagem fiável através da comunicação dinâmica entre o conhecimento implícito e o conhecimento explícito. Este processo dinâmico é a substância da criação de conhecimento numa associação. Esta ligação entre os dois tipos de conhecimento concretiza o que é conhecido como os quatro métodos de mudança de conhecimento (Nonaka 1996).

O processo de criação de informação depende de um desenvolvimento duplo de conhecimento tácito e explícito. A Figura 3.2 demonstra os quatro métodos de mudança do conhecimento: socialização (do conhecimento tácito individual para o conhecimento tácito do grupo), externalização (do conhecimento tácito para o conhecimento explícito), mistura (do conhecimento explícito separado para o conhecimento explícito sistémico) e disfarce (do conhecimento explícito para o conhecimento tácito).

A socialização é um processo de criação de conhecimentos tácitos normais através de encontros partilhados. Na socialização, é criado um campo de comunicação onde as pessoas oferecem encontros e espaço entretanto. Através deste procedimento, são criadas convicções regulares não ditas e aptidões exemplificadas. Na socialização, o conhecimento inferido de um indivíduo é partilhado e transmitido a outro e acaba por ser uma parte do conhecimento tácito do outro indivíduo.

A externalização é um procedimento de articulação do conhecimento explícito em informações expressas como ideias e/ou gráficos. Este procedimento utiliza frequentemente ilustrações, analogias e/ou desenhos. Este modo é ativado por uma troca planeada para criar ideias a partir de informações não ditas. Um caso decente de externalização é o procedimento de fazer outra ideia de item ou construir outro processo de criação. Aqui, o conhecimento tácito no cérebro dos especialistas é explicado e comunicado sob a forma de ideias ou desenhos, transformando-se assim num conhecimento expresso que pode ser mais concentrado e aperfeiçoado.

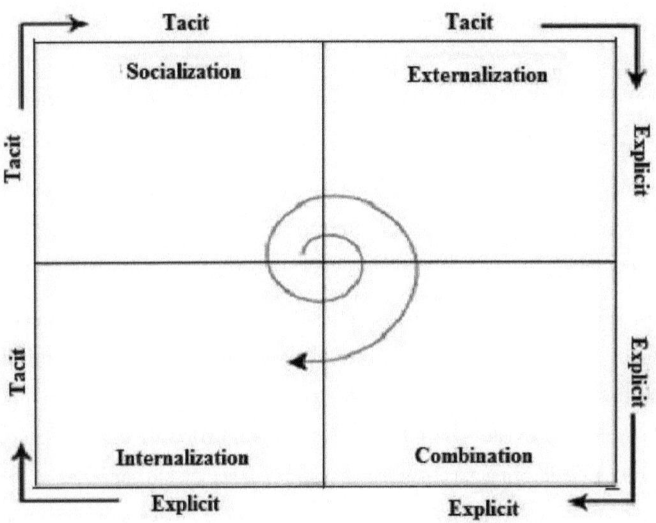

Figura 3: Espiral SECI da Criação de Conhecimento Organizacional

(Fonte: http://www.diaglougeonlreadership.org/Nonaka-1996.html

A combinação é um procedimento de recolha de conhecimentos explícitos novos e existentes num conhecimento sistémico. Por exemplo, um cientista pode recolher uma variedade de conhecimentos explícitos já existentes, tendo em mente o objetivo final de criar um outro conjunto de determinações para um modelo de outro artigo. Por outro lado, um especialista pode juntar desenhos acessíveis e determinações de esboço para criar outra configuração de procedimento ou engrenagem. O que acontece regularmente é a mistura de uma ideia recentemente criada com os conhecimentos existentes para produzir algo inconfundível (por exemplo, a apresentação de outro objeto).

A internalização é um procedimento de epitomização da informação expressa em conhecimento tácito ou na capacidade ou informação operacional de um indivíduo. Um caso fantástico disto é "aprender fazendo ou utilizando". A informação explícita que está acessível como conteúdo, som ou vídeo encoraja o processo de disfarce. A utilização de manuais de trabalho para diferentes máquinas ou equipamentos é um caso por excelência de conhecimento expresso que é utilizado para internalização. As direcções são descobertas e acabam por se tornar uma parte do conhecimento tácito do indivíduo.

3.6 O desafio do conhecimento

A aprendizagem é um destaque entre os recursos mais vitais de qualquer associação.

Infelizmente, não são muitos os que conseguem aproveitar este benefício de forma significativa. De facto, são ainda menos as associações que conseguem fazer avançar a utilização deste recurso vital. Neste contexto, é útil distinguir dois tipos de conhecimento: o conhecimento de base e o conhecimento capacitante.

Em qualquer associação, certos territórios de aprendizagem são mais essenciais do que outros. O tipo de aprendizagem que é fundamental para a realização do objetivo da associação e para a satisfação da sua metodologia é designado por "conhecimento de base".

Uma vez que a informação central é básica para a associação, a administração do conhecimento central deve ser mantida dentro da associação. Deve ser produzido e sustentado dentro da associação. O conhecimento central, por si só, não pode reforçar completamente uma associação e torná-la agressiva. Existe uma necessidade de informação que possa manter a adequação da associação. Essa informação é conhecida como "conhecimento capacitante". No momento em que é consolidada com os conhecimentos de base, esses conhecimentos facilitadores conduzem à melhoria de novos artigos, procedimentos e administrações. Pela sua natureza excecional, a administração dos conhecimentos capacitantes pode ser externalizada. O centro e a aprendizagem capacitante nas associações são mais do que uma vantagem imaculada. Este conhecimento autorizado torna concebível a atividade empenhada e agregada. No entanto, tão vital como a aprendizagem hierárquica é a memória autoritária. Muitos dos conhecimentos da associação são feitos e guardados a nível individual. Estão na cabeça dos indivíduos e dos grupos de indivíduos que trabalham na associação - os representantes, os chefes e os funcionários de topo (Figura 3).

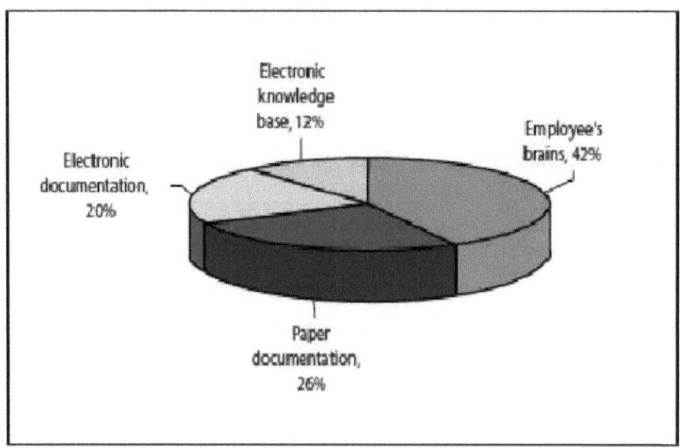

Figura 4: Repositórios primários do conhecimento de uma organização

Fonte - The Delphi Group, Inc. (2000)

Enquanto uma parte significativa do conhecimento hierárquico está acessível como conhecimento explícito, uma grande parte da informação central e capacitadora permanece implícita. A capacidade de partilhar este conhecimento tácito tem um impacto substancial nas formas de lidar com o conhecimento para reconhecer, captar e coordenar esse conhecimento. Estas metodologias incorporam quadros de honra e disciplina e estratégias autorizadas para a avaliação da execução individual. A execução eficaz destas metodologias pode contribuir para uma partilha mais alargada do conhecimento tácito no seio da associação.

Este é o desafio do conhecimento. As associações contêm reservas ilimitadas de aprendizagem central não descoberta e de competências de capacitação. O problema é que, na maioria das vezes, a administração de topo não sabe quem tem que dados. Poucos funcionários de topo sabem onde se encontram as informações centrais e capacitantes e como capacitar este conhecimento para circular na associação. Esta é a razão de ser da gestão do conhecimento. A gestão do conhecimento aborda esta questão de forma direta e distinta.

3.7 Definições de conhecimento

- O conhecimento é definido como a recordação de material previamente aprendido. Isto pode implicar a recordação de um vasto leque de material, desde factos específicos a teorias completas, mas tudo o que é necessário é trazer à mente a informação apropriada. O conhecimento representa o nível mais baixo dos resultados da aprendizagem no domínio cognitivo. -

www. edu. uleth. ca/courses/ed3604/conmc/glsry/glsry. html

- Um conjunto organizado de factos ou informações processuais necessárias para o desempenho de uma função, incluindo a consideração da quantidade, amplitude (vários tipos necessários) e profundidade (grau de compreensão global e detalhada de um assunto específico) necessárias. No entanto, não se espera que um titular deva possuir todos os conhecimentos enumerados na especificação para poder ser reafectado de um nível para outro. O leque de conhecimentos a esperar inclui uma gama substancial de conhecimentos e depende necessariamente do âmbito da responsabilidade e das funções de cada cargo. -

www.michigan.gov mdcs 0, 1607, 7-147-6879 9325-18616--, 00.html

- Conjunto organizado de informações. A familiaridade com factos, verdades ou princípios, como resultado de um estudo ou investigação, ou a familiaridade com um determinado assunto, ramo de aprendizagem, etc. -

www. seattlecentral. org/library/101/textbook/glossary. html

- A soma das informações e da experiência que o professor adquiriu ou aprendeu e é capaz de recordar ou utilizar.

www. wmich. e<duevalclr ess glossário glos-e-l.htm

- Informação avaliada e organizada na mente humana de modo a poder ser utilizada com um objetivo.

www. aslib. co. uk/info/glossary. html

- O objetivo final do entendimento na combinação de intuições e conceitos. Se forem puros, o conhecimento será transcendental; se forem impuros, o conhecimento será empírico.

www. hkbu. edu. hk/~ppp/ kspl/KSPglos. html

- O conhecimento é a informação associada a regras que permitem tirar conclusões automaticamente, de modo a que a informação possa ser utilizada para fins úteis.

www. seanet. com/~daveg/glossário. htm

- Familiaridade, consciência ou compreensão adquirida através da experiência ou do estudo. A soma ou o alcance do que foi percebido, descoberto ou aprendido. -

www.jfcom. mil/about/glossary. htm

- O contexto da informação; compreender o significado da informação. - *www. cio. gov. bc. ca/other/daf/IRM Glossary. htm*

- Crença justificada que aumenta a capacidade de ação efectiva de uma entidade (Nonaka); o grau mais elevado das faculdades especulativas, que consiste na perceção da verdade de proposições afirmativas ou negativas (Locke).

www. sims. berkeley. educourses is213s99 Projects P9 web site/ glossary. htm

- Informação e significado semântico.

www. wotug. ukc. ac. uk/parallel/acronyms/hpccgloss/all. html

- Compreensão e memorização de informações, avaliadas em termos de profundidade, âmbito e capacidade de integração para resolver problemas. -

www. csufresno. edu/humres/Classification. Compensation/Glossary%20of%20Terms. ht m

- Informação que as pessoas utilizam, juntamente com as regras e os contextos da sua

www. vnulearning. com/kmwp/glossary. html

- Informações necessárias ao desenvolvimento de competências. Conceitos ou regras do trabalho (conhecimento declarativo) e suas inter-relações (conhecimento estrutural). O conteúdo ou a informação específica do trabalho que uma pessoa adquiriu através da formação, educação e/ou experiência. O conhecimento é construído sobre a base das capacidades mentais que uma pessoa traz para a situação. -

www. eurocontrol. int/eatmp/glossary/terms/terms-11. htm

- O conhecimento faz parte da hierarquia composta por dados, informação e conhecimento. Os dados são factos em bruto. Informação são dados com contexto e perspetiva. O conhecimento é a informação com orientação para a ação baseada na perceção e na experiência. -

www. itilpeople. com/Glossary/Glossary k. htm

- Inclui teoria e informação que podem ser formais, factuais, descritivas ou empíricas; (intelectual) familiarizado com uma série de factos ou informações; compreensão teórica ou prática de uma arte, ciência, língua, etc.; informação obtida por estudo (OED). -

www. ee. wits. ac. za/~ecsa/gen/g-04. html

- A informação define factos (A é B). O conhecimento define o que se deve fazer se determinados factos se aplicarem. Assim, se A é B, então faça C. Há muitas formas diferentes de codificar o conhecimento, mas as políticas e as regras de negócio são formatos populares. -

<*www.bptrends.com/resources_glossary.cfm*>

- O conhecimento é uma informação relevante, acionável e, pelo menos parcialmente, baseada na experiência.

Por *Dorothy Leonard.*

- Conhecimento pode significar informação, consciência, saber, cognição, sapiência, conhecimento, ciência, experiência, habilidade, perspicácia, competência, saber-fazer, habilidade prática, capacidade, aprendizagem, sabedoria, certeza, etc. A definição depende do contexto em que o termo é utilizado.

- *Karl-Erik Sveiby, The New Organizational Wealth.*

- O conhecimento é o conteúdo em contexto para produzir uma compreensão acionável.

- *Dr. Robert Bauer, Xerox Parc.*

3.8 Compreender a gestão do conhecimento

Não existe uma definição universalmente aceite de gestão do conhecimento. Mas existem várias definições propostas por especialistas. Em termos muito simples, a gestão do conhecimento é a conversão do conhecimento tácito em conhecimento explícito e a sua partilha dentro da organização. Em termos mais técnicos e precisos, a gestão do conhecimento é o processo através do qual as organizações geram valor a partir dos seus activos intelectuais e baseados no conhecimento. Definida desta forma, torna-se evidente que a gestão do conhecimento diz respeito ao processo de identificação, aquisição, distribuição e manutenção do conhecimento que é essencial para a organização.

3.9 O que é a KM?

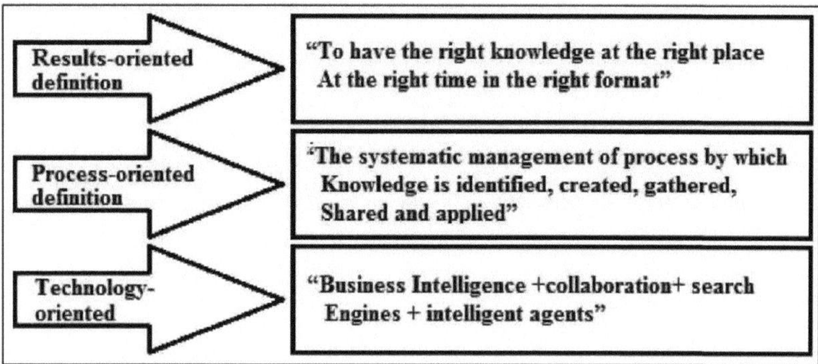

Figura 5: O que é a KM?

(Fonte: Benjamins, V.R., "Knowledge Management in Knowledge-Intensive Organizações", Intelligent Software Components (2001))

Se considerarmos a gestão do conhecimento no seu contexto mais alargado, existem várias definições de gestão do conhecimento. Todas estas definições apontam para a mesma ideia, mas cada uma delas centra-se num aspeto particular da gestão do conhecimento (Quadro 3.1). Por exemplo, uma definição orientada para os resultados pode afirmar que a gestão do conhecimento é "ter o conhecimento certo no local certo, no momento certo e no formato certo". Por outro lado, uma definição orientada para os resultados

- "Ter o conhecimento certo no sítio certo, no momento certo e no formato certo."
- "A gestão sistemática do processo através do qual o conhecimento é identificado, criado, reunido, partilhado e aplicado."
- "Business intelligence + colaboração + motores de pesquisa + agentes inteligentes".

Definição orientada para o processo

Uma definição orientada para o processo e para a tecnologia pode descrever a gestão do conhecimento como "a gestão sistemática dos processos através dos quais o conhecimento é identificado, criado, recolhido, partilhado e aplicado". E uma definição orientada para a tecnologia pode apresentar uma fórmula para a gestão do conhecimento como "inteligência empresarial + colaboração + motores de busca + agentes inteligentes".

3.10 Aspectos da gestão do conhecimento

Existem duas partes principais da gestão do conhecimento, mais concretamente, a administração dos dados e a administração dos indivíduos. Deste ponto de vista, a gestão do conhecimento tem a ver com dados, por um lado, e com indivíduos, por outro.

A maioria dos empresários e administradores conhece o termo administração de dados. Este termo está relacionado com a administração de gestão identificada com itens que são distinguidos e tratados por estruturas de dados. O ato de administração de dados foi criado e tornou-se geralmente reconhecido quando os administradores compreenderam que os dados eram um ativo empresarial imperativo que podia e devia ser descoberto para aumentar a agressividade da organização. Como resultado do desenvolvimento do ato de administração de dados, as ideias de "análise de informação" e "planeamento de informação" cresceram, dando assim dispositivos adicionais aos especialistas.

À medida que os académicos e estudiosos continuam a refletir sobre o assunto, a gestão de dados transformou-se em gestão do conhecimento. Os empresários e os diretores passaram a estar mais conscientes de que o conhecimento - separado dos dados insignificantes - é um ativo consideravelmente mais rentável da associação. Assim, a possibilidade de os procedimentos para a gestão da aprendizagem serem produzidos de forma semelhante aos formulários de gestão relacionados com os dados tem vindo a ganhar cada vez mais adeptos. Este padrão levou à produção e ligação de várias estratégias, por exemplo, a "tecnologia do conhecimento", que disseca as fontes de conhecimento. Utilizando estes métodos, as associações podem atualizar a "análise do conhecimento" e o "planeamento da informação" - da mesma forma que a utilização de dispositivos anteriores de "análise do conhecimento" e "planeamento da informação".

Em termos práticos, a gestão do conhecimento inclui, entre outros, a prova reconhecível e o mapeamento dos recursos académicos dentro de uma associação. Isto implica essencialmente distinguir quem compreende o quê dentro da organização. Quando vista deste ponto de vista, a gestão do conhecimento pode ser considerada como um procedimento de revisão dos recursos académicos, concentrando-se nos activos únicos da associação e nas suas capacidades críticas. Através deste processo de revisão, a perceção, o valor e a adaptabilidade são acrescentados aos recursos académicos distinguidos. Além disso, os recursos académicos são protegidos contra a letargia, o que permite obter grandes melhorias nas formas básicas de liderança e, além disso, nas administrações e nos artigos.

Seja como for, a gestão do conhecimento ultrapassa este nível de mapeamento. De forma ainda mais substantiva, inclui igualmente a realização de aprendizagens para obter vantagem e a transformação de muita informação hierárquica em dados prontamente disponíveis. Através da gestão do conhecimento, podem distinguir-se os objectivos ociosos de bloqueio que perturbam o fluxo de aprendizagem no sentido da escolha e da atividade. Além disso, com a utilização das TIC, todas as diversas partes da gestão da informação podem funcionar de forma consistente e facilitada. Na verdade, tem sido indicado repetidamente que, quando o conhecimento é bem supervisionado, há uma diminuição notável no tempo esperado para terminar as tarefas e a duplicação supérflua é significativamente minimizada, se não for mantida a uma distância estratégica.

A segunda parte da gestão do conhecimento é o conhecimento individual. Essencialmente, isto inclui a gestão do conhecimento inferido que vive dentro das cabeças dos indivíduos. Na prática genuína, envolve lidar com a informação que existe perto de procedimentos autorizados, incluindo um conjunto espantoso de aptidões elementares, know-how e outras capacidades relacionadas com a aprendizagem. Para lidar adequadamente com a população em geral que possui a cobiçada informação não dita, é fundamental refletir sobre as suas qualidades sociais e sociais, estados de espírito e objectivos, e gostos e aversões. Se isso for possível de forma eficaz, pode levar à produção de novos conhecimentos que geralmente não podem ser especializados apenas pela gestão do conhecimento. Apesar do facto de a importância das duas partes da administração da informação ser atualmente percebida por numerosas associações, a capacidade máxima da administração da aprendizagem ainda está por descobrir. De facto, nem todas as associações com algum tipo de estruturas de administração da aprendizagem estabelecidas sabem que têm essas estruturas. A maior parte das associações possui algum tipo de estrutura para a administração de informações inequívocas, quer sejam simples ou complexas. Seja como for, é possível que não lhe chamem um quadro de administração da aprendizagem. Por outro lado, a gestão da informação inferida não é básica e a atual gestão da aprendizagem baseada na inovação não criou um meio completamente convincente para a extração de informação implícita. Embora o conhecimento tácito esteja no centro do conhecimento autorizado, a sua natureza é tão individual que é difícil de formalizar e transmitir.

Ambos os aspectos da gestão do conhecimento incorporam duas preocupações imediatas:

1. Para tornar o conhecimento organizacional mais produtivo; e

2. Para produzir esses benefícios são significativamente maiores do que os previstos.

A gestão do conhecimento oferece uma oportunidade brilhante para receber procedimentos empresariais já incompreensíveis. Por exemplo, pode abrir caminho para a formação de um sistema praticamente sem limites que melhora a cooperação e as associações com clientes e fornecedores. Ao melhorar as relações com os clientes, a gestão do conhecimento torna possível a revelação de novas questões e oportunidades através da utilização ideal dos recursos de informação, por exemplo, acordos e registos de contratos e dados demográficos e informações sobre os clientes, incluindo a área do cliente e os nomes de contacto.

É corretamente desta forma que a gestão do conhecimento pode complementar e melhorar o efeito de diferentes actividades da associação, por exemplo, a gestão da qualidade total, a conceção de novos processos empresariais e a aprendizagem autorizada. É óbvio, a partir deste diálogo, que as actividades de gestão da aprendizagem podem ser ligadas numa variedade de espaços para alcançar resultados inigualáveis dentro de uma associação. Além disso, é possível alcançar estes resultados sem ter em conta o nível de acessibilidade inovadora ou a parte do sector empresarial em causa.

3.11 Pilares da gestão do conhecimento

Para definir e compreender melhor a gestão do conhecimento, é útil considerar a gestão do conhecimento como tendo quatro pilares. Estes pilares são:

3.11.1 Gestão e organização

O primeiro e mais essencial pilar da gestão do conhecimento é a dedicação às maiores quantidades de gestão. Esta dedicação é absolutamente vital para a realização de qualquer atividade de gestão da informação. Sem esse dever, as actividades de gestão do conhecimento ficarão, sem dúvida, aquém das expectativas. Os esforços apoiados para supervisionar a informação devem permear toda a associação, desde o líder da associação até à maioria. Além disso, é fundamental que os supervisores promovam práticas corretas entre os representantes, dando o exemplo.

A dedicação da gestão de topo pode surgir de duas formas. Em primeiro lugar, os gestores dos níveis mais elevados devem servir de bons exemplos, partilhando e utilizando eles próprios a aprendizagem. A abordagem ideal para fazer avançar a gestão da informação e mostrar a sua importância fundamental é a gestão de topo dar exemplos suficientes de conduta perfeita e discutir obviamente com todos os níveis da associação. Para além disso, deve ser executada uma estrutura para reforçar a gestão do conhecimento, incluindo a nível monetário, de inovação e de RH. Uma via é criar um gabinete de gestão do conhecimento e designar um Chief Knowledge Officer (CKO). A este gabinete deve ser atribuída a obrigação inequívoca de promover e executar a gestão do conhecimento, conduzida pelo CKO. As suas obrigações devem incluir a fundação de uma base de inovação centrada na aprendizagem e também a recolha, organização ou seleção da utilização do conhecimento. Deve ser igualmente distribuída a gestão de activos autorizados, por exemplo, trabalho e financiamento para capacitá-lo a buscar seus objetivos com sucesso. A obrigação do CKO deve mudar uma vez que a estrutura de gestão do conhecimento tenha sido construída. No início, o CKO deve ser necessário para a acumulação e classificação da aprendizagem. Seja como for, à medida que a estrutura se torna mais profunda, o CKO deve servir apenas como um facilitador nos bastidores, assumindo o papel de fazer atenção, avançar ainda mais e observar melhorias. Deve haver um impulso consciente para permitir que a informação seja feita sem reservas em toda a associação sem uma quantidade excessiva de mediação do CKO ou da divisão de gestão do conhecimento.

Outra parte da coluna da associação de gestão é a administração da cadeia de valor, que é uma influência básica de capacitação para a administração da informação. A ideia de cadeia de qualidade surge da forma como as associações não existem em desconexão. Elas enquadram-se em cadeias de qualidade. Nestas cadeias de valor, cada associação tem clientes e, ao mesmo tempo, é cliente de diferentes associações. Cada associação precisa de lidar com a informação fidedigna que identifica os seus clientes e fornecedores.

Essa informação é, em geral, designada por aprendizagem do cliente, que deve ser produzida, composta, partilhada e ligada - como tal, supervisionada. A principal ferramenta de capacitação relativa a este tipo de informação é a gestão da relação com o cliente. Uma gestão viável exige que se estabeleça de forma inamovível uma associação rica com os clientes. No que diz respeito à preparação da administração da aprendizagem, isto implica assegurar que as inclinações dos clientes e as críticas que estes fazem não sejam conhecidas pelas pessoas aplicáveis dentro da associação.

A gestão da relação com os clientes tem dois objectivos principais: conquistar e manter clientes. A publicidade e a promoção podem atrair e obter clientes. A escolha de comprar ou não um determinado artigo depende da qualidade aparente do cliente e da razoabilidade do referido artigo.

Quando o cliente decide comprar, a administração das relações com o cliente deve manter o cliente, transmitindo-lhe a mensagem de que a qualidade e a razoabilidade do artigo são mantidas ou mesmo actualizadas. Atualmente, estão disponíveis novas aplicações TIC para encorajar os esforços apontados neste sentido e ajudar as associações a melhorar as vias através das quais gerem e mantêm os clientes. Através da utilização da administração da relação com o cliente, é possível seguir os registos dos clientes e orquestrar associações mecanizadas de clientes.

Uma vez construída uma relação rica entre a associação e os seus clientes (e também fornecedores), a informação produzida no meio de uma relação pode ser captada, ordenada, partilhada e utilizada no interior como parte da liderança básica. Deste modo, a forma como a associação se enquadra na cadeia de valor é extraordinariamente melhorada, dando-lhe assim uma vantagem. Por assim dizer, as estruturas de gestão das relações com os clientes contribuem para o bom funcionamento dos procedimentos de gestão dos clientes e para a criação de uma sociedade que valoriza a partilha de informações. Através dos contributos dos clientes sobre uma série de assuntos, incluindo inclinações dos clientes, necessidades de artigos, procedimentos de apresentação e concorrentes, são criados novos conhecimentos, contribuindo assim para a realização dos objectivos gerais da associação.

3.11.2 Infra-estruturas

Todas as estruturas de gestão do conhecimento requerem um nível específico de inovação e apoio de base para serem viáveis. À medida que os procedimentos empresariais se tornam cada vez mais complexos, a administração da aprendizagem pode ser completamente actualizada apenas quando os dados adequados e os avanços de correspondência estão acessíveis. É necessário um quadro de TIC suficiente para melhor produzir, classificar, oferecer e aplicar a informação. Neste sentido, as TIC são influências de capacitação aplicáveis. Os mecanismos de gestão do conhecimento que supervisionam a informação inequívoca e não dita devem ser potenciados por um quadro de intercâmbio fundamental. Este quadro essencial pode incluir, entre outros, uma entrada, um ambiente de trabalho virtual ou um domínio de correio eletrónico. A necessidade de um tal agente de habilitação é mais notável nas associações que estão espalhadas por uma grande variedade de áreas (por exemplo, uma organização transnacional com locais de trabalho ou fábricas em várias nações). Uma vez que será necessário transmitir e trabalhar em conjunto em cursos lucrativos e significativos através de extensas separações físicas.

Em qualquer quadro de gestão do conhecimento, são necessárias três bases de inovação primárias. São elas: em primeiro lugar, a base de inovação que se espera que componha o conteúdo; além disso, a base de inovação que se espera que procure dados, uma vez ordenados; e, em terceiro lugar, a base de inovação que se espera que encontre a competência adequada. Para organizar a substância, os dados e os dispositivos de inovação por correspondência são cruciais. A fase inicial da organização do conteúdo é o planeamento da classificação científica ou da cartografia dos conhecimentos. No mapeamento do conhecimento, a substância de uma associação é recolhida e os dados são organizados num inventário de forma organizada e metódica. A forma como os trabalhadores da associação acreditam reflecte-se na estrutura do índice. Os clientes aperceberam-se naturalmente das categorizações científicas, uma vez que a maior parte dos trabalhadores aplica modelos mentais comparáveis e utiliza termos construídos nas suas ocupações. À medida que o quadro de gestão do conhecimento se desenvolve, as categorizações científicas evoluem em termos de qualidade e exaustividade. Existem diversas abordagens para procurar os dados necessários. A biblioteca é uma dessas fontes de diferentes tipos de dados. Hoje em dia, o método mais utilizado para procurar dados consiste em navegar na Internet, investigar bases de dados electrónicas e procurar registos digitalizados. Existe um vasto grupo de disposições de administração de registos e de substâncias que incentivam a procura de dados e proporcionam aos clientes uma nova interface para aceder à Internet e aos dados armazenados nos servidores de documentos e nas bases de dados da associação. Numerosos dispositivos de inovação fornecem adicionalmente instrumentos de encaminhamento que os tornam fáceis de utilizar. Ao utilizar de forma viável este arquivo e as disposições de administração de substâncias, as associações podem tornar-se mais eficazes, encontrando mais rapidamente os dados necessários. Desta forma, estão também preparadas para tomar decisões mais corretas.

Quadro 1: Tecnologia adequada à gestão do conhecimento (Fonte: "o que é a gestão do conhecimento?" Sun Microsystems, Inc. (2000)

Modelo de Repositório	- Internet, HTML, XML
	- Texto integral Motores de pesquisa
	- Sistemas de gestão de documentos
Comunidades de Prática	**- Conferência Web**
	- Grupos de discussão com tópicos
	- Fluxo de trabalho automatizado
	- Decisão de peritos
Aprendizagem contínua	**- Sistemas de gestão da inclinação**
	- Sistema de apoio ao desempenho eletrónico (EPPS)
	- Gestão do desempenho
Aprendizagem empresarial	**- Base de dados**
	- Ferramentas de extração de dados

	- **Base de dados empresarial**
	- **Sistema de apoio à decisão**

3.11.3 Pessoas e cultura

Está a decorrer um debate sobre qual é o agente de capacitação mais importante da gestão do conhecimento. Vários investigadores de gestão defendem que a inovação é o mais importante. Outros consideram que os indivíduos são o mais essencial na gestão do conhecimento e afirmam que as actividades de administração da informação que se centram principalmente na inovação podem e são regularmente negligenciadas.

Ambos são, obviamente, imperativos para a realização de qualquer estrutura de gestão do conhecimento. No entanto, a concretização de uma estrutura de gestão do conhecimento depende de inúmeras variáveis, e uma das mais essenciais é a administração produtiva dos indivíduos e da sociedade dentro da associação.

Os indivíduos são os portadores do conhecimento tácito. Além disso, a partilha de conhecimentos implícitos é fundamental para a realização da gestão do conhecimento. Por conseguinte, os incómodos na parte da força de trabalho podem ter um efeito notável na execução da associação. Da mesma forma, o processo de gestão do conhecimento no seio de uma associação deve ter em conta os procedimentos e os activos materiais, bem como, de forma ainda mais significativa, a população em geral, através da qual a informação é criada. É o que se designa por agente potenciador da gestão do conhecimento "pessoas e cultura".

As pessoas e a cultura, enquanto factores que facilitam a gestão do conhecimento, requerem três elementos importantes. São eles:

1. A redefinição da estrutura organizacional,
2. As práticas de recursos humanos correspondentes, e
3. Uma cultura organizacional coerente.

O principal componente, a estrutura hierárquica, decide a forma como a escolha é feita e, além disso, a responsabilidade pelos procedimentos e activos materiais e humanos. As estruturas de autoridade mudam. Podem ser verticais ou planas. Dependendo do objetivo da associação, um tipo de estrutura hierárquica pode apoiar a partilha de conhecimentos e o conhecimento

do que outras. Por exemplo, em associações onde a inventividade e o desenvolvimento são os recursos mais imperativos, uma estrutura de níveis que permita aos trabalhadores e tenha alguns níveis de cadeia de importância será mais útil para a partilha e gestão do conhecimento.

A segunda componente, a administração dos activos humanos, incorpora a aquisição (alistamento), a capacitação (preparação), a avaliação (estimativa da execução), a criação (administração da profissão) e a remuneração (pagamento) dos especialistas em aprendizagem. Se estas práticas forem realizadas de forma adequada, haverá um efeito mais proeminente nas práticas de administração da informação da associação e nos seus esforços para criar uma sociedade de partilha de conhecimentos entre os representantes.

O processo de inscrição pode contribuir para a utilização efectiva da gestão do conhecimento. Os ensaios de inscrição poderosos incluem, entre outros, a execução de projectos conjuntos com faculdades que promovam o exame e a melhoria da informação aplicável à associação. Ao aperfeiçoar o processo de inscrição para garantir que apenas os indivíduos com as informações desejadas e a experiência e capacidades pertinentes sejam inscritos, é possível trazer novas e úteis aprendizagens para a associação. Além disso, esses indivíduos, na sua maioria, integram-se sem esforço na associação e podem utilizar e aplicar a informação autorizada existente de forma rápida e eficiente. Prosseguir com a instrução e uma boa preparação faz avançar a partilha da aprendizagem entre a força de trabalho. As estratégias de preparação apoiadas pelas TIC, por exemplo, a aprendizagem virtual e os livros electrónicos e os procedimentos de formação de formadores, podem ser adaptadas para a partilha e difusão de informações. Anteriormente, a preparação era, na sua maioria, considerada um pré-requisito para o progresso. Com a gestão do conhecimento, as associações distinguem hoje a informação necessária para atingir um objetivo hierárquico específico e, em seguida, definem a preparação para tornar essa informação acessível. Com a administração da informação, a avaliação da execução e os quadros de remuneração estão atualmente a dar uma importância crescente à criação e partilha da aprendizagem. Progressivamente, os supervisores consideram a execução transitória dos representantes, bem como, ainda mais imperativamente, a sua perspicácia e o ritmo a que aprendem e o seu empenhamento na informação geral da associação. O reconhecimento dos trabalhadores como especialistas nas suas zonas individuais de especialização é uma chave essencial para a realização da administração da aprendizagem. Em conjunto, para que a terceira componente - uma cultura hierárquica previsível - prospere, é vital criar uma atmosfera de confiança e uma situação de abertura em que manter a aprendizagem e a experimentação sejam estimadas, reconhecidas e apoiadas por todos na associação. Do mesmo modo, é necessário desenvolver e manter um clima que ajude a manter a inspiração e a vontade de partilhar a aprendizagem. As suspeitas e as qualidades que enquadram a premissa de se estabelecerem escolhas moldam tipicamente o modo de vida de uma associação. Com o objetivo específico de garantir um investimento colossal dos representantes na criação e partilha da aprendizagem, é necessário mudar as mentalidades convencionais e a sociedade, passando do armazenamento da informação para a sua partilha. Isto pode acontecer porque o ambiente de confiança dentro da associação e quando os representantes se sentem seguros do seu trabalho. Por outro lado, a inspiração dá às pessoas o desejo de partilhar os seus conhecimentos. Desta forma, é imperativo lidar com os desejos dos representantes e os seus planos de inspiração. É insuficiente anunciar a presença de um plano de partilha de conhecimentos, mas consideravelmente mais essencial é dar uma forma de desenvolver a sua inspiração para partilhar conhecimentos.

Os trabalhadores podem ser motivados tanto de forma intrínseca como extrínseca. A motivação intrínseca é mais difícil de induzir do que a motivação extrínseca. A motivação intrínseca surge do interior dos indivíduos e está relacionada com o conteúdo do seu trabalho, os objectivos organizacionais e o alinhamento destes com os objectivos individuais. Actua como uma força poderosa na promoção do crescimento do conhecimento tácito. Pode ser reforçada através do aumento da participação dos trabalhadores, do desenvolvimento de relações pessoais sólidas e da demonstração de decisões positivas em matéria de gestão de recursos humanos, tais como a ligação da recompensa ao desempenho. A motivação extrínseca pode ser conseguida através de práticas de gestão de recursos humanos como a compensação financeira ou a promoção. O dinheiro proporciona geralmente uma satisfação independente da atividade real. A motivação extrínseca pode ser alcançada ligando as motivações financeiras dos trabalhadores aos objectivos e benefícios organizacionais. Quando as tarefas não são complexas, é geralmente suficiente motivar os empregados extrinsecamente. Mas quando as tarefas são complexas, como o desenvolvimento de uma nova tecnologia ou produto, será necessária uma motivação intrínseca e extrínseca para promover a partilha de conhecimentos.

3.11.4 Sistemas de gestão de conteúdos

As estruturas de administração de conteúdos incorporam recursos de dados, tanto internos como externos, que apoiam a criação e organização de dados avançados. Para garantir o funcionamento correto da estrutura de administração da informação, devem ser elaborados e executados programas para lidar com a substância dos sítios. Entretanto, as partes e obrigações relativas à manutenção e redesenho da substância devem ser claramente retratadas. Deveria igualmente existir uma abordagem que permitisse aos "escritores" ou "benfeitores" fornecer novos conteúdos sob a forma de artigos. As estruturas de administração de conteúdos incorporam igualmente algumas ideias de processo de trabalho para os clientes objectivos, que caracterizam a forma como a substância deve ser orientada em torno da estrutura.

3.12 Utilização da Gestão do Conhecimento.

1. Os mercados são cada vez mais competitivos e a taxa de inovação está a aumentar.

2. As reduções de pessoal criam a necessidade de substituir o conhecimento informal por métodos formais.

3. As pressões competitivas reduzem a dimensão da força de trabalho que detém conhecimentos empresariais valiosos.

4. O tempo disponível para experimentar e adquirir conhecimentos diminuiu.

5. As reformas antecipadas e a crescente mobilidade da força de trabalho conduzem à perda de conhecimentos.

6. É necessário gerir uma complexidade crescente, uma vez que as pequenas empresas operacionais são operações de aprovisionamento transnacionais.

7. As mudanças na direção estratégica podem resultar na perda de conhecimentos numa área específica. *Fonte: Barclay, R.O. e Murray, P.C., "O que é Gestão do Conhecimento?" Knowledge Praxis, <http://www. media-access.com/whatis.html> (2004).*

3.13 Medir a gestão do conhecimento

Como última nota, para compreender melhor o que é verdadeiramente a gestão do conhecimento, é útil considerar e falar rapidamente sobre a estimativa das consequências de um quadro de gestão do conhecimento? Qualquer estimativa deste tipo deve ter em conta a estimativa dos recursos de aprendizagem e a dimensão da partilha de conhecimentos. De facto, essa estimativa é uma tarefa problemática, uma vez que a informação é produzida por indivíduos e está implícita e é um elemento. Uma vez que a gestão da aprendizagem inclui a coordenação das pessoas que produzem, partilham, organizam e aplicam a informação, a medição desta gestão inclui o acompanhamento e a documentação das ligações causais entre a utilização da aprendizagem e a sua criação e partilha. Um destaque entre as dificuldades mais problemáticas na medição das consequências da administração da aprendizagem é a avaliação da estimativa genuína dos recursos de informação, especificamente a aprendizagem implícita. Uma vez que a informação inferida é normalmente específica em termos de tempo e, adicionalmente, de ligação, a estimativa da aprendizagem individual e do capital académico é mais difícil de avaliar. O teste reside no facto de as informações não ditas não conduzirem, em geral, especificamente a uma aplicação útil ou a um artigo atraente. Regularmente, tem apenas um efeito indireto na adequação da associação através da criação de melhores metodologias ou de reacções de trabalho mais poderosas. Além disso, uma vez que é difícil seguir com precisão o efeito indireto da aprendizagem, a melhor administração distraída com números e realidades claras não está continuamente pronta para atribuir um plano financeiro para o interesse na administração da informação.

No fim de contas, a melhor abordagem para quantificar a partilha de conhecimentos é seguir o fluxo de conhecimentos entre representantes. A quantidade de pensamentos criados no quadro online e a recorrência do acesso é tudo menos difícil de quantificar. Apesar de estas estimativas serem um desfasamento do que realmente se passa, são, no entanto, intermediários importantes que contribuem para dar uma compreensão superior dos fluxos de informação, especificamente, e da gestão do conhecimento, quando tudo está dito e feito.

3.14 Definições de gestão do conhecimento

Quadro 2: Definições de KM

Sr. Não.	Ano	Autor	Definições
1	1996	Brooking	A gestão do capital humano consiste em acumular activos e utilizá-los eficazmente para obter uma vantagem competitiva.
2	1997	Sveiby	A KM é a arte de converter valores dos activos intangíveis das organizações.
3	1997	Hibbard	A gestão do conhecimento é o processo de recolha de informações sobre os conhecimentos colectivos de uma empresa, onde quer que se encontrem, em bases de dados, em papel ou na cabeça das pessoas, e de as distribuir por onde possam ajudar a produzir os maiores resultados.
4	1998	O'Dell	A gestão do conhecimento é uma estrutura e uma mentalidade de gestão que inclui o aproveitamento de experiências passadas e a criação de novos veículos para o intercâmbio de conhecimentos.
5	2000	Taft	KM é a classificação , disseminação e categorização da informação e das pessoas através da organização.
6	2000	KMPG	A gestão do conhecimento é a disciplina que consiste em captar a competitividade baseada no conhecimento e em testar, armazenar e difundir esse conhecimento nas empresas.
7	2000	Craig	A gestão da informação inclui uma combinação de produtos de software e práticas empresariais que ajudam as organizações a captar, analisar e destilar informação.
8	2001	Barth	A gestão do conhecimento é um modelo empresarial emergente e interdisciplinar que aborda aspectos do conhecimento no âmbito da empresa, incluindo a criação, a codificação e a partilha de conhecimentos e a forma como estas actividades promovem a aprendizagem e a inovação.
9	2002	Johnson	A gestão do conhecimento tem a ver com o reconhecimento de que, independentemente do tipo de negócio em que se está inserido, a concorrência baseia-se no conhecimento dos trabalhadores.

10	2003	Hislop	É provável que a iniciativa de gestão do conhecimento dependa de forma crítica da existência de pessoas competentes e devidamente motivadas que assumam um papel ativo.
Sr. Não.	**Ano**	**Autor**	**Definições**
11	2003	Mason e Pauleen	As actividades de gestão do conhecimento visam aplicar eficazmente os conhecimentos de uma organização para criar novos conhecimentos, a fim de alcançar e manter uma vantagem competitiva.
12	2004	Levinson	KM como o processo através do qual as organizações geram valor a partir dos seus activos intelectuais e baseados no conhecimento.
13	2005	Arminho e Boughzala	A gestão do conhecimento é extremamente rica e dinâmica, pelo que se tornou necessário modelá-la. Esta modelação é utilizada para transformar grandes quantidades de dados, desde entrevistas com peritos até à pesquisa de documentos em múltiplos repositórios relacionados com actividades comerciais.
14	2005	Jasimuddi	Gestão do conhecimento que envolve a utilização e a criação de valor a partir do conhecimento organizacional.
15	2010	Luciana	A gestão do conhecimento é o processo de criação, armazenamento, partilha e reutilização do conhecimento organizacional que permite à organização atingir os seus objectivos e metas.

3.15 Introdução ao fabricante indiano de componentes para automóveis

A indústria indiana de componentes para automóveis registou um crescimento saudável nos últimos anos. Alguns dos factores que podem ser atribuídos a esta situação incluem: um mercado de utilizadores finais dinâmico, a melhoria do sentimento dos consumidores e o regresso de uma liquidez adequada no sistema financeiro. A indústria de componentes para automóveis representa quase sete por cento do Produto Interno Bruto (PIB) da Índia e emprega 19 milhões de pessoas, tanto direta como indiretamente. Um quadro governamental estável, o aumento do poder de compra, um grande mercado interno e um desenvolvimento cada vez maior das infra-estruturas fizeram da Índia um destino favorável ao investimento.

Dimensão do mercado A indústria indiana de componentes para automóveis pode ser classificada, em termos gerais, nos sectores organizado e não organizado. O sector organizado serve os fabricantes de equipamento original (OEM) e consiste em instrumentos de precisão de elevado valor, enquanto o sector não organizado inclui produtos de baixo valor e serve sobretudo a categoria de pós-venda. As receitas da indústria indiana de componentes para automóveis cresceram 11% ao longo do ano passado para Rs 2,34 lakh crore (34,7 mil milhões de dólares) no AF 14-15. Este crescimento foi impulsionado principalmente pela recuperação saudável dos principais fabricantes de equipamento original (OEM) nos segmentos dos veículos comerciais médios e pesados (M&HCV) e dos veículos de passageiros (PV). De acordo com a Associação de Fabricantes de Componentes para Automóveis da Índia (ACMA), a indústria indiana de componentes para automóveis deverá registar um volume de negócios de 66 mil milhões de dólares no AF 15-16, com a probabilidade de atingir 115 mil milhões de dólares no AF 20-21 e 200 mil milhões de dólares em 2026. Além disso, prevê-se que as exportações da indústria atinjam 12 mil milhões de dólares no AF 15-16 e atinjam 30 mil milhões de dólares no AF 20-21, aumentando ainda mais para 80 mil milhões de dólares em 2026. Prevê-se que a contribuição do sector para o produto interno bruto (PIB) da indústria transformadora duplique de 5% em 2015 para 10% em 2026.

Os investimentos cumulativos de Investimento Direto Estrangeiro (IDE) na indústria automóvel indiana durante o período de abril de 2000 a junho de 2015 foram registados em 13,5 mil milhões de dólares, de acordo com os dados do Departamento de Política e Promoção Industrial (DIPP). Alguns dos principais investimentos feitos no sector indiano de componentes para automóveis são os seguintes A Everstone Capital, uma empresa de capitais privados sediada em Singapura, adquiriu 51% do fabricante indiano de componentes para automóveis SJS Enterprises por um valor estimado em 350 milhões de rupias (54 milhões de dólares). A Arcelor Mittal assinou um acordo de empresa comum com a Steel Authority of India Ltd (SAIL) para estabelecer uma unidade de produção de aço para automóveis na Índia. O fabricante alemão de componentes para automóveis Bosch Ltd inaugurou a sua nova fábrica em Bidadi, perto de Bengaluru, que é a sua quinta unidade de produção em Karnataka. A empresa assinou também um memorando de entendimento com o Instituto Indiano de Ciência (IISc), em Bengaluru, com o objetivo de reforçar a investigação e o desenvolvimento da Bosch em áreas como a mobilidade e os cuidados de saúde, impulsionando assim a inovação para satisfazer as necessidades centradas na Índia. O fabricante francês de pneus Michelin anunciou planos para produzir 16 000 toneladas de pneus para camiões e autocarros a partir das suas instalações na Índia este ano, um aumento de 45% em relação ao ano passado.

A Amtek Auto Ltd adquiriu uma empresa sediada na Alemanha através da sua filial a 100% sediada em Singapura, a Amtek Precision Engineering private limited. A MRF Ltd planeia investir 4 500 milhões de rúpias (679,5 milhões de dólares) nas suas duas fábricas em Tamil Nadu, no âmbito do seu plano de expansão. O fabricante alemão de automóveis de luxo Bayerische Motoren Werke AG (BMW) anunciou que começará a abastecer-se de peças de pelo menos sete fabricantes de peças para automóveis sediados na Índia, em resposta à promoção da iniciativa "Make in India". A Hero MotoCorp está a investir Rs 5.000 crore (US$

754,9 milhões) em cinco fábricas na Índia, Colômbia e Bangladesh, para aumentar a sua capacidade de produção anual para 12 milhões de unidades até 2020. Iniciativas governamentais o Plano de Missão Automóvel (AMP) 2006-2016 do Governo da Índia percorreu um longo caminho para assegurar o crescimento do sector.

Prevê-se que a contribuição deste sector para o PIB atinja 145 mil milhões de dólares em 2016, devido à especial atenção dada pelo governo às exportações de automóveis pequenos, veículos multi-utilitários (MUV), veículos de duas e três rodas e componentes para automóveis. Por outro lado, a desregulamentação do IDE neste sector também ajudou as empresas estrangeiras a fazerem grandes investimentos na Índia. "O governo incutiu confiança no mercado com a garantia de alterações políticas positivas", afirmou Harish Lakshman, Presidente da ACMA.

O caminho a seguir O mundo em rápida globalização está a abrir novos caminhos para a indústria dos transportes, especialmente quando se dá uma mudança para carros eléctricos, electrónicos e híbridos, que são considerados meios de transporte mais eficientes, seguros e fiáveis. Durante a próxima década, isto conduzirá a novos sectores e oportunidades para os fabricantes de componentes para automóveis, que terão de se adaptar à mudança através de investigação e desenvolvimento sistemáticos. A indústria indiana de componentes para automóveis deverá tornar-se a terceira maior do mundo até 2025. Os fabricantes indianos de auto-componentes estão bem posicionados para beneficiar da globalização do sector, uma vez que o potencial de exportação poderá aumentar até quatro vezes, atingindo 40 mil milhões de dólares em 2020. www. ibef. org/industry/autocomponents-india.aspx

3.16 Produtividade

Vários autores identificaram as vantagens da utilização de medidas de desempenho da qualidade (Camp, 1995; Juran & Godfrey, 1999, Hakes, 2001, Divorski & Scheirer, 2001) e incluem

- Os bons sistemas de medição apoiam uma série de objectivos organizacionais, e não apenas alguns.
- Podem conduzir a um desempenho superior e a melhores decisões estratégicas.
- A comunicação frequente de objectivos estratégicos e de dados de desempenho aos trabalhadores torna-os mais conscientes do seu objetivo e mais orientados para os resultados.
- Sem dados, é mais provável que os êxitos não sejam reconhecidos e que a motivação para melhorar ainda mais diminua.
- Os resultados das medições também facilitam a identificação precoce e a correção dos

problemas na fonte.

- A medição dos resultados torna as organizações mais responsáveis perante o público.

- A comunicação clara de informações sobre o desempenho e os procedimentos de controlo de qualidade é fundamental para estabelecer a credibilidade junto do público-alvo.

- As medições de desempenho de benchmarking são úteis para identificar organizações cujo desempenho é significativamente melhor e que, portanto, podem ter as melhores práticas.

- O resultado do benchmarking de produtos, serviços e processos é o estabelecimento e a validação de objectivos para as poucas medidas de desempenho vitais que orientam uma organização. (Sousa *et al.*2005).

A gestão do conhecimento (KM) é uma abordagem sistemática e organizada para melhorar a capacidade da organização de mobilizar conhecimentos para melhorar a tomada de decisões, tomar medidas e obter resultados que apoiem a compreensão da estratégia empresarial.

Os benefícios da Gestão do Conhecimento Seja para minimizar perdas e riscos, melhorar a eficiência organizacional ou adotar a inovação, os esforços e iniciativas de Gestão do Conhecimento acrescentam grande valor a uma organização. Gestão do conhecimento:

- Facilita a tomada de decisões melhores e mais informadas.
- Contribui para o capital intelectual de uma organização.
- Incentiva o livre fluxo de ideias, o que conduz a uma visão e inovação.
- Elimina processos redundantes, simplifica as operações e melhora as taxas de retenção de funcionários.
- Melhora o serviço ao cliente e a eficiência.
- Pode levar a uma maior produtividade.

4. METODOLOGIA DE INVESTIGAÇÃO

4.1 Introdução

A metodologia explica que, no entanto, as questões de análise estão ligadas às informações e, por conseguinte, aos instrumentos e procedimentos a utilizar para as responder (Lawley (1956); Guttman (1957); Kothari (2002); Town (2002); Kumar (2005); Hair et al. (2005)) e deve seguir-se às questões e trabalhá-las com o conhecimento. A metodologia é o conjunto básico para uma parte da investigação e inclui ideias principais, estratégia de apreciação, amostra e, por conseguinte, as ferramentas e os procedimentos a utilizar para reunir e analisar o conhecimento empírico (Punch, 2000; Hair et al. 2005).

4.2 Conceção da dimensão da amostra

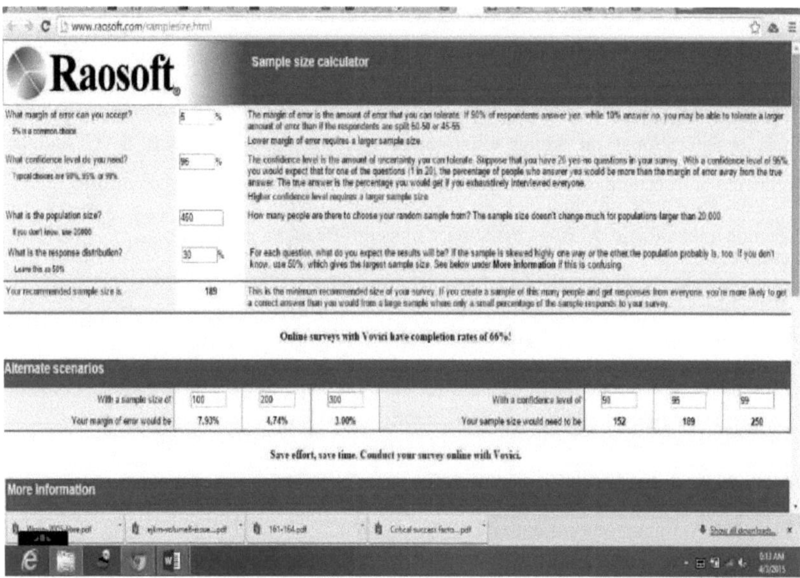

Figura 6: Determinação do tamanho da amostra (fonte: www. raosoft. com/samplesize. html)

A dimensão da amostra é 189 é identicamente equivalente a 190 indústrias.

4.2.1 Revisão da literatura

A revisão da literatura foi detalhada no Capítulo - 2. A revisão da literatura ajudou a identificar as principais lacunas na área, o que foi útil para a finalização dos objectivos.

4.2.2 Entrevistas com especialistas

As entrevistas com peritos adquirem grande importância nalguns assuntos que não foram totalmente explicados (Froza 2002). No contexto do presente, uma vez que o tópico da gestão do conhecimento não foi totalmente explicado no contexto indiano, foram realizadas entrevistas de pesquisa para compreender o tópico a partir do objetivo de leitura dos profissionais.

No contexto do presente, foram efectuadas entrevistas com os consultores (20) para responder às seguintes questões-chave.

l. Compreender o tema a partir do objetivo de leitura dos profissionais.

m. Compreender a escala das práticas de gestão empresarial e os seus subparâmetros para avaliar e validar preliminarmente a categorização.

Cada entrevista durou cerca de 90 minutos, durante os quais os inquiridos informaram pessoalmente os peritos sobre a importância dos pontos de vista e as questões que lhes foram solicitadas. Seguem-se alguns dos principais resultados das entrevistas.

n. Os peritos são unânimes quanto à importância das práticas de gestão do conhecimento nas indústrias transformadoras indianas.

o. Os peritos mostraram-se muito preocupados com a adaptação das práticas e medidas de gestão do conhecimento, mas simultaneamente manifestaram a sua preocupação com o elevado custo associado à aplicação integral das medidas ecológicas.

p. Os peritos ajudaram a aperfeiçoar/corrigir as formulações, etc., para a categorização básica inicial.

4.2.3 Critérios finais e seus subcritérios

a. Por último, foram desenvolvidos 12 critérios e 128 subcritérios para medir as práticas de gestão empresarial no sector transformador indiano.

b. Ajudou a fornecer uma base para o desenvolvimento de questionários para medir as práticas de gestão do conhecimento nas indústrias transformadoras.

4.2.4 Inquérito por questionário: Desenvolvimento do questionário

A conceção do questionário de investigação depende muito dos conceitos dos constructos teóricos e da operacionalização dos mesmos. A principal questão da conceção do questionário para o caso em apreço consistiu em determinar as perguntas de medição a que os inquiridos teriam de responder.

O estudo Delphi forneceu informações muito úteis para a conceção do questionário para o presente estudo. O Quadro 4.1 mostra o número de itens do questionário assim elaborado.

Quadro 3: Número de componentes selecionados para o estudo

Sr. Não.	Nome dos componentes	Número de itens
1	Gestão do conhecimento (KM)	16
2	Engenharia de conceção (DE)	12
3	Produção (P)	12
4	Distribuição (D)	12
5	Tecnologias/sistemas de informação (STI)	09
6	Produtividade (PY)	12
7	Cultura organizacional (CO)	12
8	Desenvolvimento dos recursos humanos (DRH)	08
9	Manutenção (MT)	09
Sr. Não.	**Nome dos componentes**	**Número de itens**
1	Gestão do conhecimento (KM)	16
2	Engenharia de conceção (DE)	12
3	Produção (P)	12
10	Capacitação dos trabalhadores (EE)	08
11	Estratégia de conhecimento (KS)	09
12	Ciclo de vida do produto (PLC)	09

O inquérito por questionário foi utilizado para estudar os efeitos das práticas de gestão do conhecimento nas indústrias transformadoras. Por conseguinte, o presente questionário abrangeu os âmbitos das práticas de gestão empresarial no sector da indústria transformadora. Os itens desenvolvidos para o estudo das práticas de gestão empresarial baseavam-se no conceito de gestão empresarial e nos construtos das práticas de gestão empresarial. O questionário consistia em 12 critérios e 128 itens de subcritérios de estudos de práticas de gestão empresarial em indústrias transformadoras, selecionados para o estudo.

Este questionário foi distribuído a 22 peritos, nomeadamente 10 académicos, 6 profissionais e 6 amigos. O objetivo deste teste-piloto era verificar se o instrumento corresponde ao objetivo pretendido. Os peritos concordaram com o questionário final.

Quadro 4: Número de variáveis e sub-variáveis selecionadas para o estudo

Sr. Não.	Nome da variável	Subvariável
1	Gestão do conhecimento (KM)	Criação de conhecimentos (KC)
		Retenção de conhecimentos (KR)
		partilha de conhecimentos (KS)
		Inovação do conhecimento (IC)
2	Conceção e engenharia (D&E)	Conceção do sistema (SD)
		Conceção de produtos (Prod.D)
		Conceção do processo (Processo D)
3	Produção(P)	Planeamento agregado (PA)
		Compras

Sr. Não.	Nome da variável	Programação
		Subvariável
		Controlo do inventário
		Controlo de qualidade
4	Distribuição (D)	Logística de terceiros (3PL)
		Gestão de armazéns
		Controlo de encomendas
5	Informações T ecnologia/sistemas (STI)	Sistema de informação estratégica
		Planeamento das necessidades de materiais e ERP
		EDI e Contratação Pública Eletrónica
		Gestão da relação com o cliente
6	Produtividade (PY)	Análise de Envoltória de Dados
		Produtividade total dos factores
		Balance Score Card
		Avaliação comparativa
7	Cultura organizacional (CO)	Activos da organização
		Ferramentas e soluções tecnológicas
		Cooperação
8	Departamento de Recursos Humanos (DRH)	Satisfação profissional
		Prémios e motivação,
9	Manutenção (MT)	Manutenção de avarias
		Manutenção preventiva
		Manutenção corretiva
10	Empoderamento dos trabalhadores (EE)	Formação, confiança
		Compromisso de liderança
11	Estratégia de conhecimento (KS)	Mapeamento de competências
		Requisitos de capacidades futuras
		Decisão de aprovisionamento
12	Ciclo de vida do produto (PLC)	Crescimento
		Maturidade
		Declínio

4.2.5 O fluxograma pormenorizado da metodologia de investigação

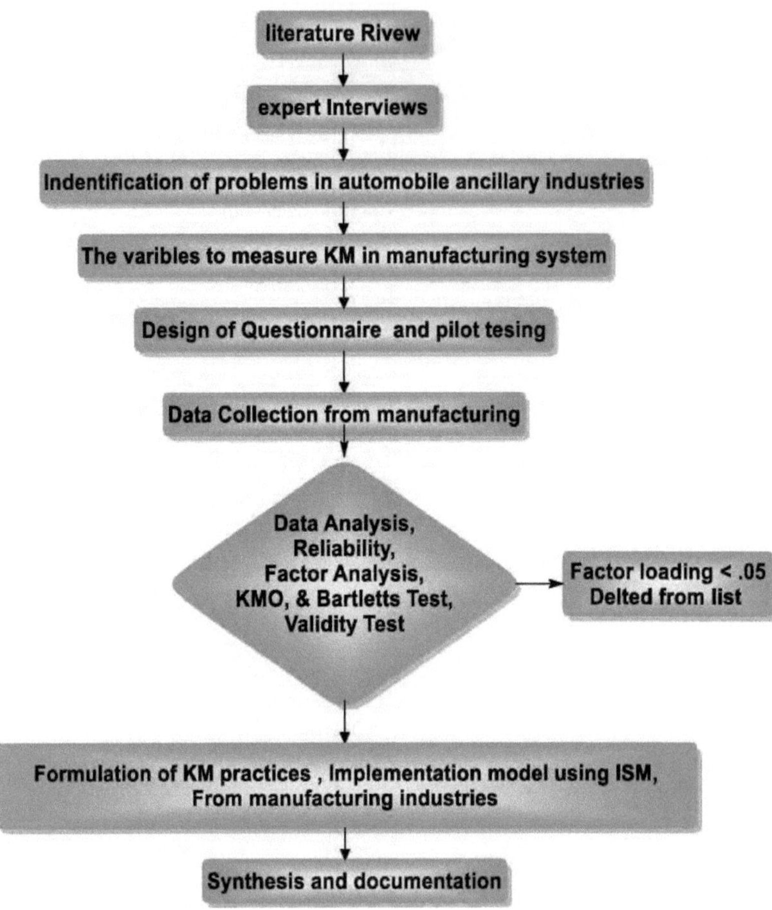

Figura 7: Mostra o fluxograma pormenorizado da metodologia de investigação

4.2.6 Inquérito por questionário: Desenvolvimento do questionário

A conceção do questionário de investigação depende muito dos conceitos dos constructos teóricos e da operacionalização dos mesmos. A principal questão da conceção do questionário para o caso em apreço consistiu em determinar as perguntas de medição a que os inquiridos teriam de responder.

O objetivo deste teste-piloto era verificar se o instrumento corresponde ao objetivo pretendido. Os peritos concordam com o questionário final.

Amostra de investigação e respostas

Os executivos e profissionais das indústrias transformadoras de Pimpri-Chinchwad, região de

Pune (tipicamente perto de Pune) foram selecionados para a investigação devido à posição da província como um dos centros industriais mais importantes da Índia, bem como por razões de praticidade e conveniência percebidas. Os pormenores sobre a estrutura da amostra para a realização do inquérito por questionário, a modificação do questionário, o contacto com as pessoas relevantes e as amostras do inquérito são descritos respetivamente.

Finalmente, após a validação dos peritos, foi enviado um total de 334 questionários a profissionais de diferentes indústrias transformadoras. O questionário "Apêndice 1" incluía a carta de apresentação, o perfil demográfico e os itens relevantes para medir as práticas de gestão do conhecimento no sector da indústria automóvel. O "Apêndice 2" apresenta os perfis demográficos dos inquiridos para o estudo, como homens e mulheres, as qualificações dos inquiridos, a experiência dos inquiridos e a rotação das indústrias.

Os questionários foram distribuídos pessoalmente e contactados diretamente pelos departamentos competentes das indústrias transformadoras incluídas na amostra. Por fim, foram devolvidos 190 questionários preenchidos. A taxa de resposta é de 43,11%, o que é aceitável para este tipo de investigação (Malhotra e Grover 1998).

4.3 Perfil demográfico dos inquiridos

Entre os 190 inquiridos, 181 eram do sexo masculino e 9 do sexo feminino. As mulheres inquiridas são muito pouco numerosas no sector da indústria transformadora. A relevância pode ser toda selecionada porque o sector da indústria transformadora exige trabalhos pesados e, por conseguinte, as mulheres inquiridas são muito menos numerosas no sector da indústria transformadora. Os inquiridos trabalhavam nas respectivas indústrias de 1 a 25 anos, com uma duração média de 24,40 anos. Os inquiridos trabalhavam nos seus empregos actuais de 1 a 30 anos, com uma duração média de 6,42 anos. A maioria dos inquiridos pertence a cursos de engenharia e tem um diploma de bacharelato em engenharia e tecnologia. As qualificações dos inquiridos são as indicadas na Figura 4.3.

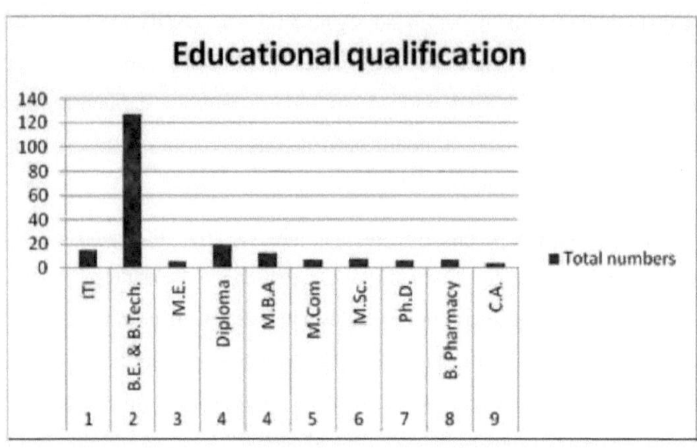

Figura 8: Qualificação educacional dos inquiridos

10% dos inquiridos têm mais de 47 anos de idade, 38% dos inquiridos têm idades compreendidas entre 42 e 46 anos, 26% dos inquiridos têm idades compreendidas entre 41 e 38 anos, 10% dos inquiridos têm idades compreendidas entre 37 e 33 anos, 7% dos inquiridos têm idades compreendidas entre 32 e 29 anos e 4% dos inquiridos têm idades compreendidas entre 27 e 24 anos, como mostra a figura 9.

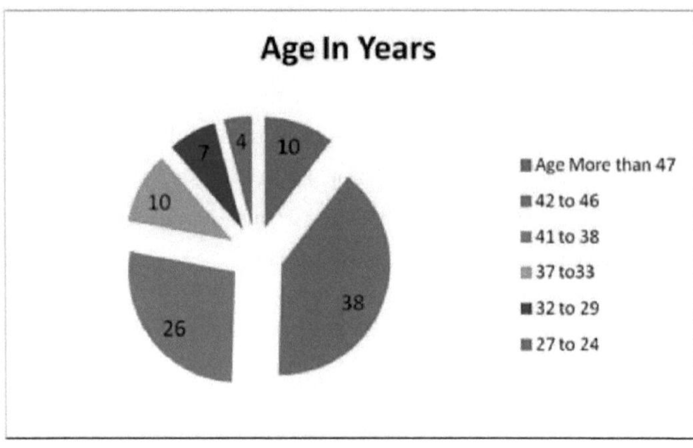

Figura 9: Idade dos inquiridos em anos.

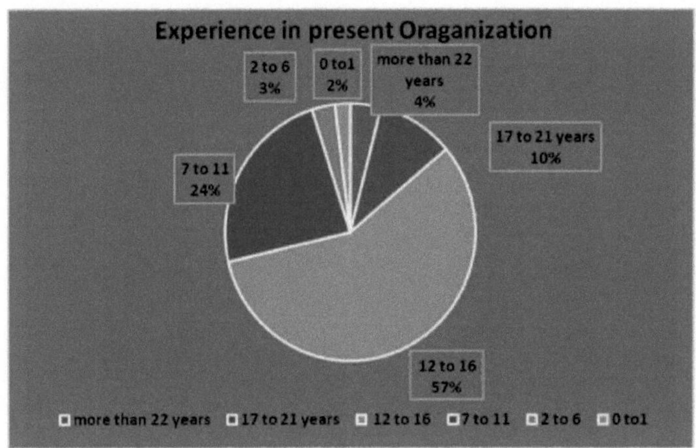

Figura 10: Organização da experiência

As posições dos inquiridos são, na sua maioria, de gestores de topo que têm uma boa gestão do conhecimento, como mostra a figura 11

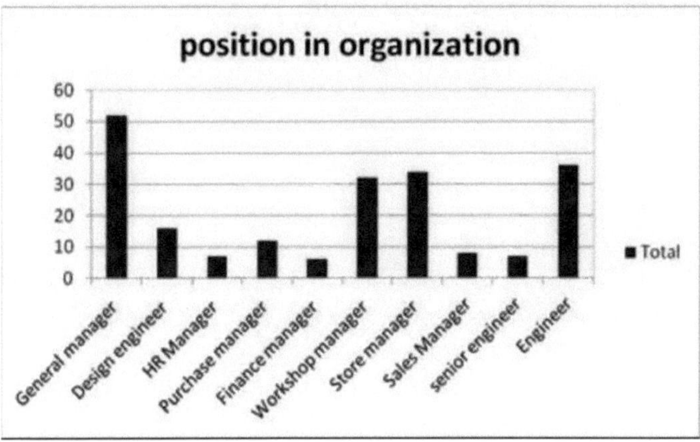

Figura 11: Posições dos inquiridos nas organizações.

4% dos inquiridos têm uma experiência superior a 22 anos, 10% dos inquiridos têm uma experiência entre 17 e 21 anos, 57% dos inquiridos têm uma experiência entre 12 e 16 anos, 24% dos inquiridos têm uma experiência entre 07 e 11 anos, 3% dos inquiridos têm uma experiência entre 02 e 06 anos e 2% têm uma experiência entre 0 e 1 ano.

Os gestores com diferentes áreas funcionais de trabalho são apresentados na figura 12

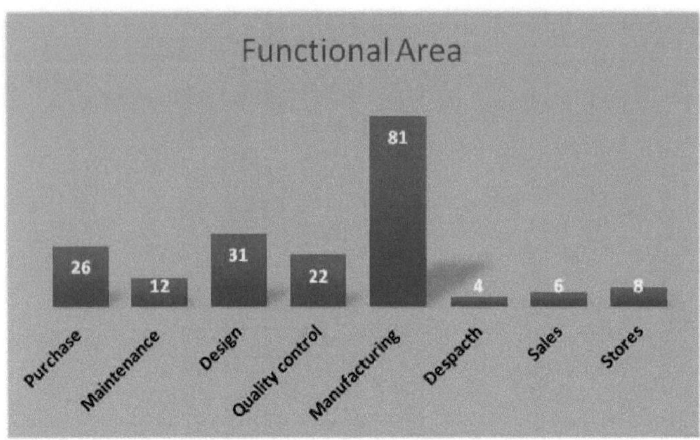

Figura 12: Número de trabalhadores na organização

A idade máxima da organização que está a funcionar é de 20 a 25 anos, como mostra a figura 13

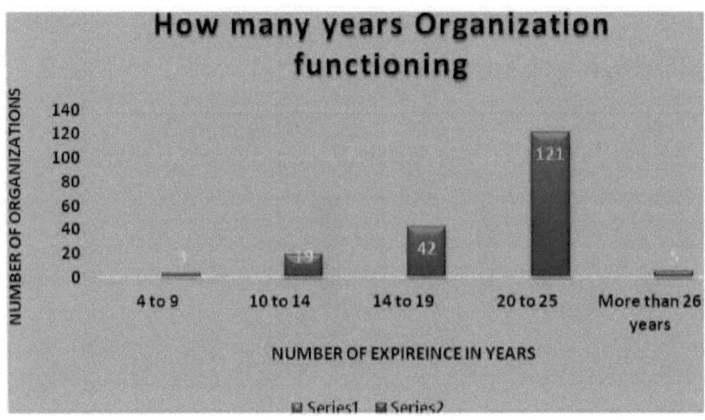

Figura 13: Há quantos anos é que as organizações estão a funcionar?

74% das organizações têm mais de 1000 funcionários na organização, como se pode ver em Figura 14

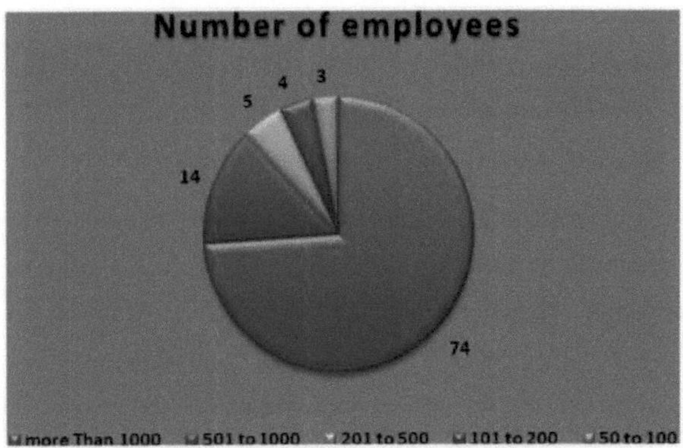

Figura 14: O número de empregados na organização

85% das organizações servidas têm um volume de negócios superior a 50 mil milhões, como mostra a Figura 15

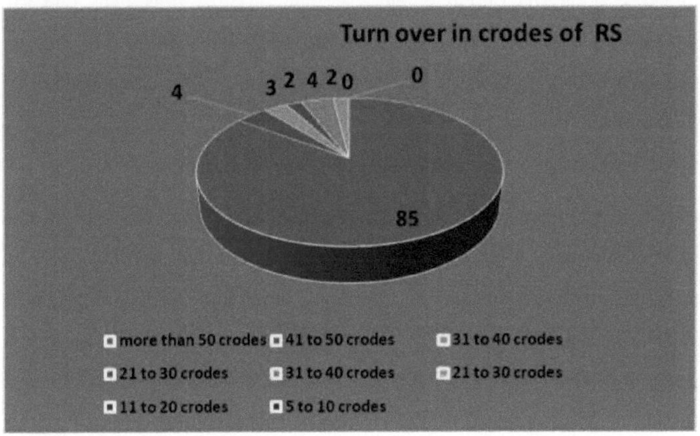

Figura 15: Volume de negócios das organizações em milhões de rupias

4.4 Análise de dados: Fiabilidade

Para testar o modelo teórico proposto neste estudo, os instrumentos de medição devem ser fiáveis e válidos. Assim, devem ser avaliados quanto à sua fiabilidade e validade. Na avaliação dos instrumentos de medição, devem ser realizadas análises de fiabilidade, análises de itens e análises factoriais, a fim de compreender se os instrumentos de medição são fiáveis e válidos. O programa SPSS 16.0 foi utilizado na avaliação. A fiabilidade refere-se ao facto de se obter a mesma resposta ao utilizar um instrumento para medir algo mais do que uma vez (Bernard, 2000). A fiabilidade diz respeito à medida em que uma experiência, um teste ou qualquer procedimento de medição produz os mesmos resultados em ensaios repetidos (Cannines e

Zeller, 1979); é uma medida estatística do grau de reprodutibilidade dos dados do instrumento de inquérito (Litwin, 1995). Existem quatro métodos habitualmente utilizados para avaliar a fiabilidade, nomeadamente, (1) o método teste-reteste, (2) o método da forma alternada, (3) o método das metades divididas e (4) o método da consistência interna (Nunnally, 1967).

A fiabilidade do teste-reteste é medida através do preenchimento de um inquérito pelo mesmo conjunto de inquiridos em dois momentos diferentes para verificar a estabilidade das respostas. É uma medida do grau de reprodutibilidade de um conjunto de resultados. Os coeficientes de correlação são então calculados para comparar os dois conjuntos de respostas. Estes coeficientes de correlação são coletivamente referidos como a fiabilidade teste-reteste do instrumento de inquérito. Em geral, se os coeficientes de correlação forem iguais ou superiores a 0,70, considera-se que a fiabilidade teste-reteste é boa (Litwin, 1995). A fiabilidade da forma alternativa é um método de avaliação da fiabilidade de um instrumento de inquérito que consiste em utilizar itens redigidos de forma diferente para medir o mesmo atributo. As perguntas e as respostas são combinadas, ou a sua ordem é alterada, para produzir dois itens que são semelhantes mas não idênticos. Os itens são diferentes apenas na sua redação. Os itens ou escalas são administrados à mesma população em momentos diferentes. Da mesma forma, são calculados os coeficientes de correlação. Se estes forem elevados, considera-se que o instrumento de inquérito tem uma boa fiabilidade da forma alternativa (Litwin, 1995).

A fiabilidade da consistência interna é uma medida psicométrica comummente utilizada na avaliação de instrumentos e escalas de inquéritos. A consistência interna é um indicador de quão bem os diferentes itens medem o mesmo conceito. Isto é importante porque um grupo de itens que pretende medir uma variável deve, de facto, centrar-se claramente nessa variável. A consistência interna é medida através do cálculo de uma estatística conhecida como coeficiente alfa de Cronbach (Cronbach, 1951; Nunnally, 1967). O coeficiente alfa mede a fiabilidade da consistência interna entre um grupo de itens combinados para formar uma única escala. Trata-se de uma estatística que reflecte a homogeneidade da escala. Em geral, os coeficientes de fiabilidade iguais ou superiores a 0,70 são considerados bons (Nunnally, 1967)

Entre os quatro métodos acima referidos, é evidente que os três primeiros apresentam algumas limitações, nomeadamente para os estudos no terreno. Estas limitações incluem, por exemplo, a necessidade de duas administrações independentes do instrumento no mesmo grupo de pessoas e a necessidade de duas formas alternativas do instrumento de medida. Em contrapartida, o método da consistência interna não requer a divisão nem a repetição dos itens. Em vez disso, requer apenas uma única administração do teste e fornece uma estimativa única da fiabilidade para uma determinada administração do teste. É a forma mais geral de estimativa da fiabilidade (Nunnally, 1967).

Por conseguinte, foi utilizado o método da consistência interna para avaliar a fiabilidade dos instrumentos de inquérito nesta investigação, utilizando o SPSS16.0.

4.4.1 Análise Fatorial

A análise fatorial procura identificar as variáveis subjacentes, ou factores, que explicam o padrão de correlações num conjunto de variáveis observadas (Lawley (1956), Guttman (1957), O'Grady e Medoff (1991), Joreskog (1980)). A análise fatorial foi utilizada para identificar um pequeno número de factores que explicam a maior parte da variação observada num número muito maior de variáveis manifestas (Cattell (1958), Cliff e Pennell (1967), Crawford (1975), Hom (1965)). A análise fatorial é uma técnica estatística de redução de dados utilizada para explicar a variabilidade entre variáveis aleatórias observadas em termos de um menor número de variáveis aleatórias não observadas, denominadas factores. A análise fatorial é uma técnica de interdependência (Brogden (1971), Harris (1971), Gibson (1963), Guttman (1944), Kaiser (1958)). São examinados os conjuntos completos de relações de interdependência. Não há especificação das variáveis dependentes nem das variáveis independentes. A análise fatorial parte do princípio de que todos os dados de avaliação dos diferentes atributos podem ser reduzidos a algumas dimensões importantes (Guttman (1958), Cattell (1958), Crawford (1975), Hakstian e Muller (1973)). Esta redução é possível porque os atributos estão relacionados. A classificação atribuída a um atributo é parcialmente o resultado da influência de outros atributos. O grau de correlação entre a nota bruta inicial e a nota final do fator é designado por carga do fator (Lawley (1956), O'Grady e Medoff (1991), Joreskog (1980), Davison (1985)). Os analistas de factores que chegam a conclusões diferentes só se contradizem se todos eles reivindicarem teorias absolutas e não heurísticas. Quanto menos factores, mais simples é a teoria; quanto mais factores, melhor a teoria se adapta aos dados. Diferentes trabalhadores podem fazer escolhas diferentes para equilibrar a simplicidade e a adequação. A análise fatorial é normalmente aplicada a uma matriz de correlação. Análise fatorial; lidar com certas propriedades únicas das matrizes de correlação, tais como reflexões de variáveis. Outra vantagem da análise fatorial em relação a estes outros métodos é que a análise fatorial pode reconhecer certas propriedades das correlações (Lawley (1956), Guttman (1957), O'Grady e Medoff (1991), Joreskog (1980), Hakstian e Muller (1973)). Ao realizar a análise fatorial, há três decisões a tomar: o método de extração dos factores, o tipo de rotação dos factores e o número de factores a utilizar. Os investigadores também forneceram orientações sobre a dimensão mínima da amostra necessária para realizar a análise fatorial. A análise fatorial é uma técnica que exige uma grande dimensão da amostra (Byrne (1988), Lomax (1983)). A análise fatorial baseia-se na matriz de correlação das variáveis envolvidas, e as correlações necessitam normalmente de uma grande dimensão da amostra antes de estabilizarem. Tabachnick e Fidell (2001) sugerem uma dimensão mínima da amostra de 100 a 200 observações. Guadagnoli e Velicer (1988) verificaram que a dimensão absoluta da amostra era mais importante do que as funções da dimensão da amostra na determinação de soluções estáveis. A dimensão reduzida das amostras pode afetar a análise fatorial, tornando a solução instável; a adição de mais dados pode fazer com que as variáveis mudem de um fator para outro (Guadagnoli e Velicer 1988). A análise fatorial foi efectuada através da análise das componentes principais (ACP) (Suhr (2009), SAS Statistics, Brown (2012)). O conceito central da PCA é uma representação ou sumarização. A PCA é uma técnica utilizada para reduzir conjuntos de dados multidimensionais a dimensões inferiores para análise. A ACP é sobretudo utilizada como ferramenta na análise exploratória de dados e na criação de modelos preditivos (Brown (2012), Gorsuch (1988), Bandalos e Boehm-Kaufman (2008)). A ACP envolve o cálculo da decomposição do valor próprio de uma matriz de covariância de dados ou a decomposição do valor singular de uma matriz de dados, geralmente após a centralização média dos dados para cada atributo. Os resultados de uma PCA são normalmente discutidos em termos de pontuações e cargas de componentes. A ACP pode ser utilizada para reduzir a dimensionalidade de um conjunto de dados, retendo as caraterísticas do conjunto de dados que mais contribuem para a sua variância, mantendo as componentes principais de ordem inferior e ignorando as de ordem superior (Brogden (1971), Harris (1971), Gibson (1963), Guttman (1944), Kaiser (1958)). Estas componentes de ordem inferior contêm frequentemente os aspectos "mais importantes" dos dados.

A rotação é utilizada para reorientar as cargas factoriais de modo a que os factores sejam mais interpretáveis (Hendrickson e White (1964), Arbuckle e Friendly (1977), Carroll (1953), Harris e Kaiser (1964), Neuhaus e Wrigley (1954), Tucker (1955)). A rotação Varimax é utilizada para a rotação dos factores após a primeira extração, impondo a restrição de que os factores não podem estar correlacionados (Hendrickson e White (1964), Meredith (1964), Jennrich e Sampson (1966), Kaiser (1958), Meredith (1964), Arbuckle e Friendly (1977)). A rotação Varimax tenta maximizar a variância de cada um dos factores, pelo que a quantidade total de variância contabilizada é redistribuída pelos três factores extraídos. (www.its.ucdavis.edu)

O valor próprio superior a um é o critério de corte para determinar o número de factores. Os valores próprios são as variâncias dos factores. Uma vez que realizámos a nossa análise fatorial a partir da matriz de correlação, as variáveis são padronizadas, o que significa que cada variável tem uma variância de 1, e a variância total é igual ao número de variáveis utilizadas na análise.

No presente estudo, a análise fatorial foi realizada através da análise de componentes principais, seguida da rotação Varimax e da normalização de Kaiser, com a ajuda do SPSS 16.0. Os itens com cargas factoriais inferiores a 0,5, que mostram uma relação fraca, não foram considerados para a análise posterior. Os factores produzidos pela análise de componentes principais são conceptualizados como sendo combinações lineares das variáveis. Os resultados da análise de factores são apresentados em pormenor no Capítulo 5.

4.4.2 Avaliação da validade

A validade da análise é uma metodologia através da qual os resultados assim obtidos são testados. Vários autores recomendaram a realização de uma série de testes de validade dos resultados. O objetivo dos testes de validade no presente caso é testar se os resultados cobrem o conteúdo correto do tema em estudo. No presente caso, foi efectuado o teste de validade relacionado com os critérios de conteúdo. Estes testes são recomendados por vários investigadores (Byrd e Davidson, 2003) para diferentes domínios de aplicação da CS e outros.

4.4.3 Validade do conteúdo

Para alcançar a validade de conteúdo, é necessário demonstrar que os indicadores empíricos estão, lógica e teoricamente, ligados ao constructo (Nunnally, 1978). Um inquérito tem validade de conteúdo se houver um acordo entre os investigadores e os participantes de que os itens do inquérito cobrem adequadamente o domínio do objeto de investigação (Bagozzi, (1980), Hair et al., (1998), Kothari, (2002)). Ou seja, será que estamos a medir o que pensamos estar a medir? No presente contexto, como os itens são derivados da experiência rica dos profissionais, a sua validade de conteúdo está assegurada.

4.4.4 Critérios relacionados com a validade

A validade de critério é a determinação da medida em que um constructo se relaciona com outros constructos de uma forma previsível (Bagozzi, 1980). A ideia básica desta validade é verificar o desempenho da medida em relação a um determinado critério, pelo que também é designada por validade relacionada com o critério (Sureshchander *et al.,* 2003). No presente trabalho, a validade de critério é assegurada através da análise da associação entre os itens relativos à partilha de informações e a média das pontuações relativas aos benefícios da gestão empresarial. As respectivas pontuações das correlações demonstram a validade de critério dos itens em análise. Os resultados da validade relacionada com os critérios são apresentados em pormenor no Capítulo 5.

4.4.5 Resumo

Este capítulo descreve a metodologia de investigação adoptada para a presente investigação, bem como o perfil demográfico. A abordagem de investigação adoptada neste estudo pode ser caracterizada como a combinação de estratégias qualitativas e quantitativas. Foram descritos os processos detalhados e os métodos de realização do inquérito por questionário, das entrevistas estruturadas e das amostras do inquérito. Finalmente, neste capítulo, são apresentados os pormenores da análise de dados, da fiabilidade e da análise fatorial, da avaliação da validade, da validade de conteúdo e da validade de critério no capítulo 5 e da modelação estrutural interpretativa (MIE) no capítulo 6.

5. ANÁLISE FACTORIAL E INTERPRETAÇÕES

5.1 Introdução

Neste estudo, os dados empíricos das indústrias transformadoras da região de Pimpri-Chinchwad, Pune, foram recolhidos através de questionários e utilizados para testar os modelos teóricos deste estudo.

5.2 Avaliação da fiabilidade

Foram construídas 12 dimensões de práticas de gestão do conhecimento para as indústrias transformadoras da região de Pimpri Chinchwad, Pune. Para cada dimensão de práticas de gestão do conhecimento, havia um certo número de itens para a medir. O SPSS 16.0 foi utilizado para determinar a consistência interna (fiabilidade de todos os dados). O Quadro 1.1 apresenta o alfa de Cronbach para as diferentes escalas de práticas de gestão empresarial. Este quadro mostra que os coeficientes de fiabilidade variaram entre 0,534 e 0,787, indicando que algumas escalas eram mais fiáveis do que outras e, por conseguinte, aceitáveis (Nunnally 1978).

A análise fatorial exploratória foi utilizada para identificar as variáveis latentes com base nas práticas. O objetivo era identificar um conjunto mais pequeno de factores para representar a relação entre as variáveis de forma parcimoniosa (ou seja, para explicar a correlação observada com menos factores). A análise fatorial foi efectuada com recurso ao software SPSS 16.0, de acordo com (Sureshchander, 2003).

Quadro 5: Análise da coerência interna

Sr. Não.	Nome dos componentes	Número de itens	Alfa de Cronbach
1	Gestão do conhecimento (KM)	16	0.674
2	Engenharia de conceção (DE)	12	0.834
3	Produção (P)	12	0.787
4	Distribuição (D)	12	0.874
5	Tecnologias/sistemas de informação (STI)	12	0.784
6	Produtividade (PY)	12	0.879
Sr. Não.	**Nome dos componentes**	**Número de itens**	**Alfa de Cronbach**
7	Cultura organizacional (CO)	12	0.941
8	Desenvolvimento dos recursos humanos (DRH)	08	0.681
9	Manutenção (MT)	09	0.743
10	Capacitação dos trabalhadores (EE)	08	0.647
11	Estratégia de conhecimento (KS)	09	0.693
12	Ciclo de vida do produto (PLC)	09	0.979

5.3 Análise Fatorial

5.3.1 Gestão do conhecimento (KM)

A Gestão do Conhecimento é um conceito impressionante, multidisciplinar e controverso. A Gestão do Conhecimento permite que o conhecimento individual existente seja capturado e transformado em conhecimento organizacional, que por sua vez deve ser difundido e partilhado por muitos funcionários. Estes funcionários utilizam este conhecimento, mas também criam novos conhecimentos individuais, que se tornam organizacionais e assim por diante. A Gestão do Conhecimento é também a gestão do conhecimento de uma organização que pode melhorar muitas caraterísticas do desempenho organizacional de modo a ser mais "inteligente a atuar" (Gupta *et al.,* 2000).

A gestão do conhecimento é uma gestão sistemática dos activos de conhecimento de uma organização para criar valor e satisfazer requisitos tácticos e estratégicos. Consiste em iniciativas, processos, estratégias e sistemas que sustentam e melhoram a avaliação do armazenamento, a partilha, o aperfeiçoamento e a criação de conhecimentos. A gestão do conhecimento é definida como um conjunto de actividades que consistem na criação, armazenamento, distribuição e aplicação do conhecimento nas organizações (Chow *et.al.* 2005). As quatro principais áreas da gestão do conhecimento são a criação, retenção, partilha e inovação do conhecimento (Davenport *et. al.* 1998).

5.3.1.1 Partilha de conhecimentos

A partilha de conhecimentos, que se realiza depois de os conhecimentos existentes terem sido identificados ou de terem sido criados novos conhecimentos. Este processo principal é considerado o processo central da gestão do conhecimento, porque um dos principais objectivos da investigação e da prática da gestão do conhecimento é promover o fluxo de conhecimentos entre os membros da organização (Chua, 2004; Shin, 2004). A partilha de conhecimentos é realizada através da distribuição e utilização dos conhecimentos que foram selecionados ou gerados para a organização e adquiridos no exterior. Ao partilhar conhecimentos, são frequentemente criados novos conhecimentos através da combinação dos conhecimentos partilhados com os conhecimentos existentes (Davenport *et al.,* 2000). O objetivo dos dois primeiros processos principais é fornecer conhecimentos úteis para a partilha de conhecimentos. Contribuem para a partilha de conhecimentos através da seleção dos conhecimentos existentes e da criação de novos conhecimentos.

5.3.1.2 Criação de conhecimento

Este processo apoia a geração e a criação de conhecimentos. O desenvolvimento de novos conhecimentos numa organização centra-se na criação de novos produtos, melhores ideias, serviços mais eficientes ou novas competências. A criação de conhecimentos é desejável se os conhecimentos existentes não corresponderem às necessidades ou forem demasiado dispendiosos. Neste processo, os novos conhecimentos são normalmente gerados no departamento de investigação. Se o conhecimento identificado for acessível fora da organização, então o conhecimento será adquirido noutras organizações. Estas duas formas de criar conhecimentos são descritas como geração e aquisição de conhecimentos. Antes de gerar e adquirir novos conhecimentos, o quadro de conhecimentos deve ser estabelecido através da conceção da ontologia, que é outro subprocesso que apoia a criação de conhecimentos. A importância da criação de conhecimentos depende da cultura da organização, dos objectivos da organização e dos esforços de inovação/investigação (Davenport *et al.,* 2000). As abordagens à criação de conhecimentos são técnicas e ferramentas de extração de dados, descoberta de conhecimentos, sistemas baseados no conhecimento e aprendizagem automática (Becerra-Fernandez *et al*, 2004).

5.3.1.3 Retenção de conhecimentos

A preservação do conhecimento visa a conservação dos activos de conhecimento. Os novos conhecimentos valiosos têm de ser armazenados ao longo do tempo. Isto tem de ser conseguido através de meios de armazenamento eficientes para aceder ao conhecimento, de modo a evitar que os conhecimentos valiosos desapareçam. A importância da preservação do conhecimento depende da viscosidade do conhecimento a armazenar, da quantidade de conhecimento acumulado, do objetivo da organização, da infraestrutura e da cultura (Huber, 1991). Por último, o conhecimento precisa de ser atualizado com frequência, uma vez que se torna obsoleto rapidamente na sociedade do conhecimento. Hoje em dia, a transformação do mundo e da tecnologia obriga a organização a renovar e atualizar os conhecimentos em tempo útil. Caso contrário, a utilização de conhecimentos obsoletos induziria em erro e causaria uma influência negativa na organização.

5.3.1.4 Inovação do conhecimento

Vários estudos fornecem provas mistas do efeito do clima organizacional na inovação (por exemplo, Amabile *et al.,* 1996; Tang, 1999). Neste documento, defende-se que o clima organizacional é um antecedente da gestão do conhecimento, uma vez que poucos itens incluídos nos estudos sobre o clima podem ser considerados comportamentos e práticas de gestão do conhecimento. Colocar o clima como um antecedente da gestão do conhecimento é consistente com o trabalho de investigadores como Jaworski *et al.,* (1993), que posicionaram o clima organizacional como um antecedente de uma orientação para o mercado ou Homburg *et al.*, (2000) que incluíram uma cultura orientada para o mercado como um antecedente de comportamentos e práticas de orientação para o mercado.

Para que a inovação ocorra, os gestores precisam, em primeiro lugar, de ter conhecimentos sobre as forças internas e externas que afectam a empresa - quanto mais conhecimentos, e quanto maior a variedade de conhecimentos, melhor. Em segundo lugar, o conhecimento deve fluir livremente na empresa - quanto melhor for a disseminação do conhecimento, maior será a probabilidade de inovação, uma vez que mais pessoas, dentro dos níveis e departamentos da organização, estão expostas a novos conhecimentos que interagem com os conhecimentos já detidos.

Antes da análise dos factores, foi efectuado o teste de adequação da amostra. Os resultados do teste KMO (Kaiser-Meyer-Olkin) e do teste de Bartlett são apresentados no quadro 6.

Quadro 6: KMO e teste de Bartlett

Medida de adequação da amostragem de Kaiser-Meyer-Olkin.		0..511
Teste de esfericidade de Bartlett	Aprox. Qui-quadrado	907.171
	Df	99
	Sig.	0.000

Para a estatística KMO, Kaiser (1974) recomenda um mínimo de 0,5 e que valores entre 0,5 e 0,7 são medíocres, valores entre 0,7 e 0,8 são bons, valores entre 0,8 e 0,9 são óptimos e valores acima de 0,9 são excelentes.

Tabela 7: Selecionar o resultado do SPSS: Variância Expressa (Gestão do Conhecimento)

	Inicial Valores próprios			**Extração Somas de Carregamento ao quadrado s**			**Rotação Somas de Quadrado d Cargas**		
Componente	**Total**	**% de Varia n ce**	**% acumulada**	**Total**	**% de Varia n ce**	**% acumulada**	**Total**	**% de Varia n ce**	**% acumulada**
1	3.276	36.706	36.706	3.576	34.706	34.706	2.882	36.706	36.706
2	1.891	15.631	52.082	1.791	23.631	56.337	2.211	19.643	56.343
3	1.150	12.376	64.458	1.150	14.376	70.713	1.524	11.045	67.388
4	1.051	9.347	73.805	1.051	10.386	81.060	1.321	6.147	73.805
5	0.915	5.765	79.570						
6	0.862	8.541	85.111						
7	0.797	3.510	88.621						

8	0.529	3.013	91.634						
9	0.493	2.503	94.137						
10	0.452	2.123	95.154						
11	0.395	1.017	96.171						

	Inicial Valores próprios			**Extração Somas de Carregamento ao quadrado s**			**Rotação Somas de Quadrado d Cargas**		
Componente	**Total**	**% de Varian ce**	**% acumulada**	**Total**	**% de Varian ce**	**% acumulada**	**Total**	**% de Varian ce**	**% acumulada**
12	0.259	0.999	97.17						
13	0.190	0.993	98.163						
14	0.183	0.884	99.047						
15	0.120	0.677	99.724						
16	0.920	0.273	100.000						

Além disso, a matriz de componentes rodados com as respectivas cargas factoriais é apresentada no Quadro 5.4.

São aceites cargas factoriais de itens iguais ou superiores a 0,5 (Hair *et al.*, 1998).

Tabela 8: Resultados do SPSS: Matriz de Componentes Rotacionados (Gestão do Conhecimento)

	Componentes			
	F1	**F2**	**F3**	**F4**
VAR00001				
VAR00002				
VAR00003	0.890			
VAR00004				
VAR00005	0.851			
VAR00006	0.783			
VAR00007			0.777	
VAR00008	0.946			
VAR00009			0.844	
VAR00010		0.666		
VAR00011		0.793		
VAR00012				0.888
VAR00013			0.933	
VAR00014				0.622
VAR00015				
VAR00016		0.633		

A designação dos factores é sujeita e deixada ao critério do investigador (Hair *et al.*, 1998). O primeiro fator contém 4 itens no âmbito da gestão do conhecimento: criação de conhecimentos, retenção de conhecimentos, partilha de conhecimentos e inovação de conhecimentos.

O primeiro fator é a ***partilha de conhecimentos*** na ***gestão do conhecimento (F1)***. O fator confirmou uma variância de 36,706%.

O nome do segundo fator é ***criação de conhecimento (F2)***. O fator confirmou uma variância de 19,643%.

O conteúdo do terceiro fator é a **retenção de conhecimentos (F3)**, que confirmou uma variância de 11,045%.

O conteúdo do quarto fator é **Inovação do conhecimento (F4)**, que confirmou uma variância de 6,0147%.

5.3.2 Engenharia de conceção (DE)

Para as indústrias transformadoras, optar por práticas de gestão do conhecimento na sua organização é uma tarefa desafiadora, porque hoje em dia, as indústrias transformadoras estão a correr/mudar para a excelência operacional e a adoção, para a conceção de produtos e processos e conceção de sistemas, reduz o custo das operações, bem como o custo de fabrico dos produtos.

A conceção do produto consiste na transformação de ideias em produtos úteis e na satisfação do cliente através da utilização do produto fabricado. A conceção do processo consiste no fluxo de trabalho, nas necessidades de equipamento e na implementação de um determinado processo. A conceção do processo consiste normalmente em fluxogramas, software de simulação de processos e modelos à escala.

A análise fatorial de nove itens revelou 3 estruturas factoriais para medir a conceção e a engenharia, que têm outros subcritérios: conceção de sistemas (Vecchio *et al.,* (2003), Platts (2004), conceção de produtos (Chandra *et al.,* (2003) e conceção de processos (Cascini *et al.,* (2004), Li (2005).

5.3.2.1 Conceção do produto

A conceção do produto ocupa uma parte importante do tempo do ciclo de fabrico e, por conseguinte, é necessário prestar atenção à redução deste tempo, para que as empresas possam ser ágeis e satisfazer as exigências do mercado/cliente em constante mudança. A inovação é a chave do sucesso na conceção de produtos.

Chandra *et al.* (2003) apresentam uma abordagem de gestão do conhecimento que permite a implementação de uma filosofia de conceção de produtos centrada no cliente, integrando capacidades de apoio inteligente à informação e de conceção em grupo, utilizando um modelo de rede empresarial comum e uma interface de conhecimentos através de ontologias partilhadas.

5.3.2.2 Conceção do processo

A conceção do processo diz respeito à forma como os produtos são fabricados. Inclui a tomada de decisões sobre fabricar ou comprar, processamento contínuo, processamento de lotes discretos, processamento intermédio e projectos que se baseiam no volume e na variedade.

Li (2005) desenvolve um modelo de gestão estratégica das operações que estabelece uma ligação entre as decisões relativas às operações infra-estruturais intermédias e a escolha do processo de desempenho do mercado como uma restrição estrutural para as empresas transformadoras.

5.3.2.3 Conceção do sistema

A conceção do sistema envolve o desenvolvimento de um sistema para a função de fabrico. Isto inclui a localização, a conceção das instalações, o planeamento da capacidade e a conceção do trabalho. Mais uma vez, a gestão do conhecimento e a tecnologia da informação constituem uma parte importante deste exercício, tendo em conta que estas questões de conceção têm um impacto significativo no desempenho organizacional.

Pemberton *et al.,* 2002) apresentam um estudo de caso centrado no ambiente de conhecimento do Centro Europeu de Design (EDC) da Black and Decker, responsável pela conceção e introdução de novos produtos.

Antes da análise dos factores, foi realizado o teste de adequação da amostra. Os resultados do teste KMO (Kaiser-Meyer-Olkin) e do teste de Bartlett são apresentados no quadro 9.

Quadro 9: KMO e teste de Bartlett Engenharia de projeto (DE)

Medida Kaiser-Meyer-Olkin de adequação da amostragem.		0.684
Teste de esfericidade de Bartlett	Qui-quadrado aproximado	1.070E3
	Df	105
	Sig.	0.000

Tabela 10: Selecionar o resultado do SPSS: Variância expressa Engenharia de projeto (DE)

	Inicial Valore s própri os			**Extração Somas de Carregame nto ao quadrado s**			**Rotação Soma dos quadrad os d Cargas**		
Componen te	**Total**	**% de Varia n ce**	**% acumula da**	**Total**	**% de Varia n ce**	**% acumula da**	**Total**	**% de Varia n ce**	**% acumula da**
1	3.484	43.55 0	43.550	3.484	43.55 0	43.550	2.898	36.22 4	36.224

2	1.847	23.087	66.636	1.847	23.087	66.636	2.087	26.085	62.308
3	1.209	15.110	81.746	1.209	15.110	81.746	1.555	19.438	81.746
4	0.979	5.740	87.486						
5	0.882	3.775	91.262						
6	0.721	2.762	94.024						
7	0.648	2.388	96.411						
8	0.523	1.588	97.999						
9	0.424	1.211	99.21						
10	0.222	0.441	99.621						
11	6.301E - 02	0.3331	99.982						
12	1.505E - 02	0.018	100.000						

Esta estrutura exprime uma variância de 81,746 %, o que é aceitável (Nunnally, 1978), pelo que serão selecionados apenas três componentes.

Tabela 11: Resultado do SPSS: Matriz de Componentes Rotacionados (Conceção e Engenharia)

	Componentes		
	F1	**F2**	**F3**
VAR00001		0.817	
VAR00002			
VAR00003		0.518	
VAR00004		0.650	
VAR00005			0.614
VAR00006			
VAR00007			0.768
VAR00008			
VAR00009	0.818		
VAR00010	0.756		
VAR00011	0.614		
VAR00012			0.652

O nome do primeiro fator é ***conceção do produto (F1)***. O fator confirmou uma variância de 36,224%.

O nome do segundo fator é ***conceção do processo (F2)***. O fator confirmou uma variância de 26,028%.

O conteúdo do terceiro fator é uma ***conceção do sistema (F3)*** que confirmou uma variância de 19,248%.

5.3.3 Produção (P)

A produção de bens é a função central da indústria transformadora, onde se realizam as chamadas actividades de valor acrescentado para os materiais e para os clientes. Atualmente, nas empresas transformadoras, a maior parte das actividades, incluindo o fabrico de peças e componentes, é externalizada. Esta mudança específica no paradigma da produção altera o âmbito e a função de várias actividades de planeamento e controlo da produção. Do ponto de vista operacional, várias tarefas relacionadas, como o planeamento agregado, a programação, o controlo de inventário e o controlo de qualidade, são utilizadas com referência à gestão da produção.

Nas indústrias transformadoras, a produção é um objetivo central, juntamente com as actividades materiais de valor acrescentado, bem como as necessidades dos clientes. Numa perspetiva de produção, o planeamento agregado (McDaniel *et. al.,* 1991), o controlo de inventário (Reyes *et al.,* 2002), a programação (Karayel *et al.*, 2004) e o controlo da qualidade (Muthu *et. al.*, 2001) são considerados como subvariáveis.

5.3.3.1 Planeamento agregado

O planeamento agregado envolve a tomada de decisões relativas à capacidade a longo prazo e ao planeamento das necessidades de material com base na procura agregada e nos produtos. O objetivo do planeamento agregado é equilibrar a procura e a capacidade a longo prazo. A equipa KM deve incluir gestores de nível superior e médio, e o quadro de dados/informação/KM correspondente deve ser desenvolvido para os produtos.

O planeamento agregado exige o conhecimento do plano de negócios e da capacidade do sistema de fabrico. Os sistemas de informação tradicionais, como o intercâmbio eletrónico de dados (EDI) e o planeamento das necessidades de fabrico (MRPII), tinham uma aplicação limitada no chamado ambiente fisicamente distribuído.

5.3.3.2 Programação

A programação dentro e fora da organização no ambiente de fabrico necessita de um estudo cuidadoso. A informação disponível em linha através do planeamento das necessidades de materiais (MRP)/ERP, juntamente com a inteligência artificial (IA) e o sistema pericial (ES) para a tomada de decisões sobre a programação, permite dispor de informações corretas sobre a capacidade, o trabalho em curso e as encomendas libertadas. Estas informações contribuem para o desenvolvimento de um calendário de produção para os produtos em fabrico.

Karayel *et al.,* (2004) abordam a aplicação da gestão do conhecimento na

sistema mecatrónico. Desenvolveram um modelo de gestão do conhecimento para o centro de maquinagem CNC baseado na Internet. O sistema desenvolvido é composto por um modelo de gestão do conhecimento (PC), um sistema mecatrónico (centro de maquinagem CNC), uma unidade de utilizador (PC, SMS, etc.) e uma unidade de conversão de informações de dados. O modelo KM consiste num banco de conhecimentos, numa comparação, numa ligação à Internet e à rede, num comentário e numa unidade de gestão.

5.3.3.3 Controlo do inventário

A maioria dos peritos considera que, independentemente do nível das ferramentas tecnológicas - MRPII, Just-in- time (JIT), gestão da qualidade total (TQM) e planeamento dos recursos da empresa (ERP) - as tecnologias da informação, tais como os sistemas baseados no conhecimento e as tecnologias de resolução de problemas, são fundamentais para melhorar a produção e o controlo das existências (Reyes *et al.*, 2002). A gestão do conhecimento e as tecnologias da informação são susceptíveis de ter um impacto conjunto na produção e no controlo das existências.

5.3.3.4 Controlo de qualidade

Muthu *et al.,* (2001) salientam a necessidade de incorporar sistemas de qualidade e o seu controlo para melhorar a qualidade da manutenção. Apontam a necessidade de o QS 9000 ser o futuro modelo de sistema de qualidade nas empresas. Referem a necessidade de utilizar conhecimentos contínuos e comerciais, o que é possível através da exploração cuidadosa das tecnologias da informação.

Tabela 12: Selecionar o resultado do SPSS: Variância expressa Engenharia de projeto (DE)

Medida Kaiser-Meyer-Olkin de adequação da amostragem.		0.862
Teste de esfericidade de Bartlett	Aprox. Qui-quadrado	1.36E3
	Df	105
	Sig.	0.000

Quadro 13: Selecionar a saída SPSS: Produção (P)

	Inicial Valore s			**Extração Somas de Carregame**			**Rotação Somas de**		

	própri os			nto ao quadrado s			Quadra do d Cargas		
Componen te	Total	% de Varia n ce	% acumula da	Total	% de Varia n ce	% acumula da	Total	% de Varia n ce	% acumula da
1	6.458	37.99 1	36.551	6.458	36.55 1	36.551	4.193	25.12 7	25.127
2	2.708	15.93 0	53.921	2.708	15.93 0	53.921	3.105	18.26 6	44.694
3	1.584	9.320	66.241	1.584	9.320	63.240	2.606	15.33 1	60.025
4	1.106	8.507	74.748	1.106	6.507	69.747	1.653	9.722	69.747
5	.920	7.414	82.162						
6	.772	6.542	88.704						
7	.697	5.098	93.802						
8	.529	2.997	96.799						
9	.493	1.900	98.699						
10	.452	0.545	99.244						
11	.395	0.412	99.656						
12	.259	0.344	100.000						

Tabela 14: Saída SPSS: Matriz de Componentes Rotacionados (Produção)

	Componentes			
	F1	F2	F3	F4
VAR00001				0.673
VAR00002				
VAR00003			0.551	
VAR00004	0.975			
VAR00005		0.905		
VAR00006				
VAR00007		0949		
VAR00008				
VAR00009	0.975			
VAR00010				
VAR00011				0.674
	Componentes			
	F1	F2	F3	F4
VAR00012		0.905		

A designação dos factores é sujeita e deixada ao critério do investigador (Hair *et al.*, 1998). O primeiro fator chama-se ***Planeamento agregado (F1)***. O fator confirmou uma variância de 25,127%.

O nome do segundo fator é ***programação (F2)***. O fator confirmou uma variância de 18,266%.

O nome do terceiro fator é ***Controlo de inventário (F3).*** O fator confirmou uma variância de 15,331%.

O quarto fator é o ***controlo da qualidade (F4),*** cuja variância confirmada é de 9,722%

5.3.4 Distribuição (D)

A distribuição desempenhará um papel vital para chegar ao cliente com o produto certo no momento certo para aumentar as vendas e os serviços do produto. Os principais componentes da distribuição são a logística de terceiros (3PL), a gestão de armazéns e o controlo de encomendas.

O sistema de gestão de armazém gere as operações diárias do armazém e mantém o controlo das existências no armazém, fornecendo soluções rápidas, precisas e eficientes de manuseamento de materiais, armazenamento e recolha de encomendas para o armazém e a distribuição. Os fabricantes e os fornecedores têm um objetivo mútuo que consiste em satisfazer o consumidor final para cumprir a encomenda (Arlbjorn *et al.,* (2002)), Chow *et al.* (2005).

5.3.4.1 Logística de terceiros

A logística evoluiu de uma logística de parte única (autogerida) para 3PL (contratual). As razões subjacentes à 3PL são a redução dos custos operacionais, a resposta às flutuações da procura e a redução do investimento de capital (Ta *et al*., 2000). Assim, no atual ambiente acelerado e orientado para o cliente, uma 3PL fiável e de qualidade superior é um pré-requisito para se tornar e manter a competitividade no mercado global.

5.3.4 Gestão de armazéns

Chow *et al*., (2005) conceberam um sistema de estratégia logística baseado no conhecimento (KLSS) para apoiar a fase de desenvolvimento da estratégia logística, recuperando e analisando conhecimentos e soluções úteis de forma atempada e económica. Este sistema parece integrar técnicas como o armazenamento de dados, o processamento analítico em linha (OLAP), o sistema de gestão de bases de dados multidimensionais e o raciocínio baseado em casos.

5.3.4.1 Controlo de encomendas

A satisfação de encomendas vai muito para além da simples recolha e envio de produtos. Atualmente, alguns fornecedores integram equipas de clientes para que os fabricantes e fornecedores tenham um objetivo mútuo, que é satisfazer o consumidor final da melhor forma possível. O processo de satisfação de encomendas proporciona os benefícios que trazem valor às organizações empresariais, incluindo a visibilidade em tempo real do inventário, a redução das taxas de erro das encomendas e o aumento do desempenho da entrega atempada.

Tabela 15: Distribuição do KMO e do teste de Bartlett (D)

Medida de adequação da amostragem de Kaiser-Meyer-Olkin.		0.511
Teste de esfericidade de Bartlett	Aprox. Qui-quadrado	907.717

	Df	66
	Sig.	0.000

Tabela 16: Selecionar o resultado do SPSS: Distribuição (D)

	Inicial Valores próprios			**Extração Soma dos quadrados d Carregamentos**			**Rotação Soma dos quadrados das cargas**		
Componente	**Total**	**% de Varia n ce**	**% acumulada**	**Total**	**% de Varia n ce**	**% acumulada**	**Total**	**% de Varia n ce**	**% acumulada**
1	3.484	33.550	33.550	3.484	43.550	43.550	2.898	28.224	28.224
2	2.847	20.087	54.186	1.847	23.087	66.636	2.087	26.085	54.282
3	2.509	15.110	69.932	1.209	15.110	81.746	1.555	15.65	69.932
4	0.891	7.740	77.672						
5	0.794	6.775	84.447						
6	0.697	5.762	90.209						
7	0.582	3.788	93.997						
8	0.492	2.388	96.386						
9	0.353	1.866	98.525						
10	0.252	1.16	99.412						
11	6.301E - 02	0.412	99.824						
12	1.505E - 02	0.716	100.000						

Tabela 17: Saída SPSS: Matriz de Componentes Rotacionados (Distribuição)

	Componentes		
	F1	**F2**	**F3**
VAR00001	0.749		
VAR00002			0.758
VAR00003			
VAR00004			
VAR00005	0.757		
VAR00006	0.735		
VAR00007			
VAR00008			0.756
	Componentes		
	F1	**F2**	**F3**
VAR00009	0.804		
VAR00010		0.648	
VAR00011			
VAR00012		0.679	

Envolvimento de ***logística de terceiros (3PL)*** para ***distribuição (F1)***. O fator confirmou uma variância de 28,224%.

O segundo fator é a ***gestão do armazém (F2)***. O fator confirmou uma variância de 26,085%.

O conteúdo do terceiro fator é o **controlo da ordem (F3)**, que confirmou uma variância de 15,65%.

5.3.5 Tecnologia/Sistema de Informação (STI)

Devido ao rápido desenvolvimento da gestão do conhecimento, a tecnologia da informação é muito mais importante para melhorar o ambiente empresarial e manter a competitividade. As TI ajudarão a obter vantagens competitivas na atividade empresarial. O papel das tecnologias da informação na gestão do conhecimento é uma consideração essencial para qualquer empresa que pretenda explorar as tecnologias emergentes para gerir os seus activos de conhecimento. Este documento examina a influência das ferramentas de TI, da tecnologia, da informação da organização, da acessibilidade dos funcionários às TI, do apoio das TI, das competências em TI e das infra-estruturas de TI e do investimento no processo de gestão do conhecimento (Chong.*et.al.* 2013).

As tecnologias da informação (TI) são aplicadas em vários contextos de gestão do conhecimento (GC), partindo do princípio de que uma organização industrial pode obter benefícios diretos do investimento. No entanto, as ligações diretas entre o investimento em TI e o desempenho organizacional têm sido sempre ilusórias (E.Wang.*et al., 2007).* A TI de apoio à gestão do conhecimento mostra indiretamente o benefício na organização industrial de Taiwan.

5.3.5.1 Tecnologia da Informação/Sistema de Informação Estratégica

As indústrias produtoras actuais operam num mercado extremamente competitivo e dinâmico. Este facto pressiona as organizações a serem ágeis de forma a responderem a mercados dinâmicos e mundiais. A agilidade necessita de ser associada a um sistema integrado de enfermagem para uma gestão eficaz das funções operacionais e das relações cliente/fornecedor. O sistema de informação (SI) e a tecnologia (TI) são as ferramentas estratégicas mais importantes para apoiar a gestão da informação (GI), de modo a aumentar a capacidade de resposta da empresa e o seu desempenho (Buyukozkan, 2004).

5.3.5.2 Planeamento das necessidades de materiais e ERP

As matérias-primas, peças e outros componentes dos produtos são designados por procura dependente. Para gerir este tipo de procura, é necessário um método diferente das técnicas clássicas de gestão de existências. A diferença na gestão das existências decorre da diferença na estrutura da procura desses produtos. A procura de produtos como matérias-primas e peças que são utilizadas na produção do produto final é designada por procura dependente. Por exemplo, uma vez que a procura de peças e materiais necessários para a produção de automóveis depende da quantidade de procura de automóveis, é classificada como procura dependente. Por outro lado, a procura de automóveis é uma procura independente, uma vez que não é um componente de outro produto (Lutfu S.2010)

5.3.5.3 Tecnologias da informação/sistemas-EDI e contratos públicos electrónicos

Após o desenvolvimento da rede e a aceitação de normas de rede vinculadas adore EDI (Electronic knowledge Interchange), o comércio eletrónico ganhou importância e criou as vendas através da rede, mas também possibilitou que os clientes registassem as informações das empresas e acompanhassem o produto. EDI é a transmissão estruturada de conhecimentos entre organizações por meios electrónicos. Está habituado a transferir documentos electrónicos de um sistema portátil para outro (de um parceiro comercial para outro). Além disso, refere-se especificamente a uma família de normas. No entanto, o EDI exibe adicionalmente as suas raízes anteriores à Internet e, por conseguinte, as normas tendem a concentrar-se no código informático habitual do código ASCII para o intercâmbio de dados. (American Standard Code for Information Interchange) - mensagens individuais formatadas em vez da sequência total de condições e intercâmbios que enquadram um método de negócio inter-organizações.

5.3.5.4 Tecnologia da informação/Sistema-Gestão das relações com os clientes

O sucesso de uma estratégia de CRM será visto dentro dos objectivos específicos que a unidade de área estabelece na estratégia. Alguns dos objectivos que serão definidos incluem a manutenção dos clientes existentes, o aumento do preço do período do cliente, o aumento da satisfação do cliente e a partilha e lealdade do cliente (Xu *et al.,* 2005; Luck *et al.,* 2003). A satisfação do cliente é considerada a perspetiva do cliente em relação à organização, produto ou serviço (Piercy, 2003). A satisfação do cliente é influenciada pelas opções específicas do produto ou serviço e, por conseguinte, pela perceção que o cliente tem da qualidade do serviço (Zeithaml *et al.*, 2003). A satisfação é conhecida como um elemento importante na lealdade e no compromisso do cliente e, por conseguinte, no ganho organizacional.

Os sistemas/tecnologias de informação desempenham um papel vital nas indústrias transformadoras. As principais áreas são o sistema de informação estratégica, o planeamento dos requisitos de materiais e o planeamento dos recursos empresariais (ERP), a introdução de dados electrónicos e a gestão das relações com os clientes no âmbito das aquisições electrónicas.

Quadro 18: KMO e teste de Bartlett Tecnologia/Sistema de Informação (STI)

Medida de adequação da amostragem de Kaiser-Meyer-Olkin.		0570
Teste de esfericidade de Bartlett	Qui-quadrado aproximado	1.171E3
	Df	66
	Sig.	0.000

Tabela 19: Selecionar o resultado do SPSS: Tecnologia da Informação/Sy stems

	Inicial Valores próprios			**Extração de somas de cargas quadradas**			**Rotação Somas de Quadrado d Cargas**		
Componente	**Total**	**% de Varia n ce**	**% acumulada**	**Total**	**% de Varia n ce**	**% acumulada**	**Total**	**% de Varia n ce**	**% acumulada**
1	2.386	29.769	29.769	2.386	29.769	29.769	2.045	34.075	34.075
2	1.536	15.935	58.704	1.536	18.935	58.704	1.478	24.628	58.704
3	1.303	12.103	70.807	1.303	12.103	70.807	1.213	12.807	70.807
4	1.121	10.741	81.548	1.121	10.741	81.548	1.101	10.741	81.548
5	0.881	5.474	87.022						
6	0.792	4.179	91.201						
7	0.647	3.294	94.495						
8	0597	2.181	96.676						
9	0.421	1.144	97.82						
10	0.321	1.03	98.85						
11	0.221	1.01	99.86						
12	0.122	0.14	100.00						

Esta estrutura exprime uma variância de 81,548 %, o que é aceitável (Nunnally, 1978).

Tabela 20: Resultado do SPSS: Matriz de Componentes Rotacionados (ITS)

	Componentes			
	F1	**F2**	**F3**	**F4**
VAR00001		0.873		
VAR00002				0.796
VAR00003		0.879		
VAR00004			0.881	
VAR00005				0.902
VAR00006				
VAR00007			0.748	
VAR00008	0.661			
VAR00009	0.857			

VAR01010			0.648	
VAR00011	0.751			
	Componentes			
	F1	**F2**	**F3**	**F4**
VAR00012				0.854

Envolvimento do ***sistema de informação estratégica*** para as ***tecnologias/sistemas de informação (F1)***.

O fator confirmou uma variância de 34,075 %.

O nome do segundo fator é ***Planeamento de requisitos de materiais e planeamento de recursos empresariais (F2)***. O fator confirmou uma variância de 24,628%.

O conteúdo do terceiro fator é a ***entrada de dados electrónicos e a aquisição eletrónica*** **(F3)**, que confirmou uma variação de 12,807%.

O quarto fator ***é a gestão das relações com os clientes (F4),*** que confirmou uma variação de 10,741%.

5.3.6 Produtividade (PY)

A produtividade é uma parte integrante do desempenho. Sink *et al.* (1989) e Hoehn (2003) identificaram que a produtividade é provavelmente a área mais crucial da gestão de operações e processos. Do seu ponto de vista, são sete os critérios de desempenho, ou seja, rendibilidade, produtividade, qualidade, qualidade de vida no trabalho, inovação, eficácia e eficiência. Outros quadros, como o da Universidade da Califórnia e o da família de medidas, também indicam explicitamente que a produtividade é uma componente essencial do desempenho. A investigação conduzida por Manasserian (2005) e Mei *et al.* (2008) sublinha a importância da produtividade e da qualidade para as empresas transformadoras nos EUA. Destacaram ainda a importância da produtividade como um objetivo estratégico fundamental para a gestão do desempenho em várias empresas. Especificamente, a produtividade é a relação entre os resultados (bens e serviços) gerados por um sistema e os inputs fornecidos para criar esses resultados (Sink, 1985). Os inputs incluem mão de obra (recursos humanos), capital (activos de capital físico), energia, materiais e dados que são introduzidos num sistema.

5.3.6.1 Produtividade-Análise de Envoltória de Dados

A análise envoltória de dados (DEA) é um método utilizado para medir a eficiência de DMUs com múltiplos inputs e outputs. Calcula pesos para os inputs e outputs através da distribuição da pontuação mais potente para a análise de uma DMU. Em suma, permite a flexibilidade da carga. Assim, podem ser obtidos pesos nulos e resultados pouco razoáveis. Para evitar este caso, as restrições de carga são utilizadas nos serviços de aplicação da lei.

A análise envoltória de dados (DEA), que é aplicada para medir a potência relativa das unidades de decisão (DMU), pode ser uma abordagem de programação matemática. A potência no âmbito da agência clássica de aplicação da lei é "a relação de magnitude da soma dos outputs ponderados com a soma dos inputs ponderados". Para obter a pontuação máxima de potência para cada análise DMU, são atribuídos pesos completamente diferentes aos inputs e outputs da DMU. Os modelos clássicos dos organismos de aplicação da lei permitem a flexibilidade dos pesos. Assim, podem ser atribuídos pesos nulos a alguns inputs e outputs necessários da DMU. Neste caso, esses inputs e outputs serão negligenciados na análise e os resultados serão impossíveis de obter. As restrições de peso são utilizadas para eliminar esta questão. As variáveis de input e output no âmbito do método de produção estão relacionadas com o grau de correlação entre estas variáveis.

5.3.6.2 Produtividade - Produtividade total dos factores

Em economia, **a produtividade total dos factores (PTF)**, também designada por *produtividade multifatorial,* é uma variável que tem em conta os efeitos do crescimento da produção total em relação ao crescimento dos factores de produção tradicionalmente medidos, como o trabalho e o capital. Se todos os factores de produção forem tidos em conta, a produtividade total dos factores (PTF) pode ser considerada como uma medida da evolução tecnológica a longo prazo ou do dinamismo tecnológico de uma economia.

A produtividade total dos factores é frequentemente considerada como o verdadeiro motor do crescimento de uma economia e os estudos revelam que, embora o trabalho e o investimento contribuam de forma importante, a produtividade total dos factores pode representar até 60% do crescimento das economias Sink e Tuttle

(1989), Dixon *et al.* (1990), Summanth (1998) e Neely (2002) indicaram que a melhoria contínua da produtividade produziria uma condição para a agressividade futura dos preços, a rentabilidade e o crescimento. A explicação é que a produtividade tem um efeito direto sobre os custos dos processos operacionais. Devido à sua importância na economia em geral, nas indústrias e nas empresas, a produtividade tem sido objeto de vários estudos em diversas áreas de análise. Uma vez que se especializa nos níveis comercial, nacional e internacional, várias abordagens são concebidas pela ciência económica, como a medição da produtividade total do problema pelo Bureau of Labor Statistics (Duke *et al.,* 2005). O trabalho especializa-se em como a velocidade das mudanças no capital e na força de trabalho tem influenciado o processo económico e a riqueza do país.

5.3.6.3 Quadros de controlo do equilíbrio da produtividade

Uma das respostas às críticas dos antigos estilos de relatórios contabilísticos para as empresas baseadas no conhecimento foi o aparecimento do balanced score card (BSC). Este quadro e metodologia de medição do desempenho estratégico centra-se no desenvolvimento e observação da estratégia através de uma família de medidas de desempenho. A abordagem do BSC surgiu de um grupo de estudos de várias empresas no início dos anos noventa. O BSC ajuda a traduzir a estratégia da empresa num grupo de metas e objectivos, com a implementação acompanhada através de várias medidas de desempenho. Como tal, a abordagem ajuda adicionalmente na comunicação e encoraja um método de conceção estratégica de base mais alargada e de longo alcance do que o apoiado pelo objetivo único de ROI e ROA (Bose *et al.*2007).

5.3.6.4 Avaliação comparativa da produtividade

O benchmarking ou análise comparativa está associado ao método atual de enfermagem orientado para distinguir, medir, comparar e conhecer as bases das vantagens competitivas de empresas alternativas, concorrentes ou não, e que justificam o seu sucesso. Com efeito, efectua um estudo sobre a competitividade de uma empresa, identificando as suas áreas de melhoria: o que, como e onde deve ser feito, excluindo todas as actividades extra (que não contribuam para acrescentar nada aos clientes) e substituindo-as pelas "melhores práticas". Assim, através deste método, consegue-se uma análise comparativa aprofundada que incide sobre os aspectos ou factores subsequentes (Martinez, 1988).

- Medir a diferença competitiva da empresa em relação aos seus concorrentes ou em relação a outra empresa considerada líder na sua categoria.
- Determinar os atributos e desejos satisfeitos pelas suas mercadorias ou serviços e compará-los com outras mercadorias coincidentes, substitutas ou gloriosas.
- Rever o conjunto total de actividades na sua cadeia de valor para sublinhar os processos, sistemas, actividades e práticas que podem ser melhorados, modificados ou eliminados.
- Analisar os factores essenciais de sucesso dos concorrentes e, por conseguinte, do mercado para reajustar a afetação de recursos escassos.
- Criar uma análise competitiva da sua capacidade de inovação, de modo a adaptar-se rapidamente ao ambiente competitivo.
- Analisar o seu método estratégico e a sua cultura, a fim de detetar fugas e desfasamentos de valor e dados mútuos entre as pessoas e os compradores (mercado).

• Avaliar a gestão da modificação, de modo a integrar o núcleo da vantagem competitiva (atividade principal), observar esta competência essencial (competências principais), desenvolver competências futuras (migração de valor) e delinear métodos de concorrência de propriedade (atividade de poder).

Este é um bom método que contribui para a gestão da informação e fornece uma metodologia para a aprendizagem individual e organizacional e ajuda a regular os métodos de competição organizacional para as condições do seu ambiente (Hiebeler, 1996; Karlof e Ostblom, 1993; Zack, 1999).

Tabela 21: KMO e teste de Bartlett Produtividade (PY)

Medida Kaiser-Meyer-Olkin de adequação da amostragem.		0.549
Teste de esfericidade de Bartlett	Qui-quadrado aproximado	1.218E3
	Df	120
	Sig.	0.000

Quadro 22: Selecionar o resultado do SPSS: Produtividade (PY)

	Inicial Valores próprios			**Extração Somas de Carregamento ao quadrado s**			**Rotação Somas de Quadrado d Cargas**		
Componente	**Total**	**% de Varian ce**	**% acumulada**	**Total**	**% de Varian ce**	**% acumulada**	**Total**	**% de Varian ce**	**% acumulada**
1	3.197	29.060	29.060	3.197	29.060	29.060	2.503	22.759	22.759
2	1.684	12.309	44.369	1.684	15.309	44.369	1.711	15.553	38.311
3	1.181	10.736	55.105	1.181	10.736	55.105	1.623	14.751	53.062
4	1.037	9.426	64.531	1.037	9.426	64.531	1.262	11.469	64.531
5	0.969	8.808	73.339						
6	0.850	7.114	80.453						
7	0.779	5.173	86.375						
8	0.651	4.922	91.297						
9	0.483	3.483	94.780						
10	0.343	2..821	97.601						
11	0.227	2.522	99.123						
12	0.220	0.666	100.000						

Esta estrutura exprimia uma variância de 64,531 %, o que é aceitável (Nunnally, 1978)

Tabela 23: Resultado do SPSS: Matriz de Componentes Rotacionados (Produtividade)

	Componentes			
	F1	**F2**	**F3**	**F4**
VAR00001			0.584	
VAR00002		0.881		
VAR00003	0.890			
VAR00004	0.851			
VAR00005	0.783			
VAR00006				0.743
VAR00007			0.777	
VAR00008				0.831
VAR00009		0.666		
	Componentes			
	F1	**F2**	**F3**	**F4**
VAR00010		0.773		
VAR00011			0.844	
VAR00012				0.888

Envolvimento do ***fator de produtividade total (F1)*** na ***produtividade***. O fator confirmou uma variância de 22,759 %.

O nome do segundo fator é ***Análise envoltória de dados (F2)***. O fator confirmou uma variância de 15,553 %.

O conteúdo do terceiro fator é o ***Balanced score card (F3)***, que confirmou uma variação de 14,751%.

O quarto fator é o ***Benchmarking (F4)***, que confirmou uma variância de 11,469%.

5.3.7 Cultura organizacional (CO)

A cultura é importante para facilitar a partilha, a aprendizagem e a criação de conhecimento. Em geral, a cultura valoriza muito o conhecimento, incentiva a sua criação, partilha, aplicação e promove um clima aberto para o livre fluxo de ideias. Um inquérito realizado por Chase (1997) indicou que a cultura era o principal obstáculo com que as organizações lidavam para criar uma empresa bem sucedida baseada no conhecimento (Wong, 2005).

A cultura organizacional muda ao longo do tempo, à medida que as organizações se adaptam às contingências ambientais, e cada organização tem a sua própria cultura e as suas próprias práticas únicas. Uma cultura eficaz para a gestão do conhecimento é constituída por normas e práticas dos funcionários e transversais Yeh *et al.*, (2006). Construir uma cultura eficaz onde as pessoas operam numa organização é um requisito crítico para uma gestão eficaz do conhecimento. Gupta *et al.*, (2000).

5.3.7.1 Cultura Organizacional-Ativos da Organização

Oliver *et.al.* (2006) identifica vários factores que afectam a cultura da informação em algumas das grandes organizações e sugere métodos realistas para desenvolver uma cultura da informação. Foram efectuados estudos de caso aprofundados em seis grandes organizações distribuídas para investigar e avaliar as práticas de gestão da informação e a cultura de estrutura associada. Foram estudados os 10 principais factores conhecidos que afectam a cultura da informação nas organizações. Estes incluem a liderança, a estrutura e a evangelização das comunidades de observação, os sistemas de recompensa, a afetação de tempo, os processos empresariais, a realização, a infraestrutura e os atributos físicos.

A fim de manter esta qualidade inestimável, as organizações devem incentivar o pessoal a deixar este mundo, este conhecimento para os outros. A aplicação do conhecimento em intervalos de uma empresa é, portanto, necessário que a gestão da estrutura deve incentivar o pessoal sénior e líder para falar de forma eficaz e clara, uma vez que espalhar o conhecimento de membros alternativos no seu cluster.

Lai (2007) explora os factores que influenciam a implementação de actividades de dados, que medem a cultura da estrutura que vários programas de gestão de dados adoptam. O objetivo da investigação é avaliar a importância da estrutura e da cultura em intervalos de tempo associados à empresa de enfermagem e determinar, no entanto, se as actividades de dados continuam a ser adequadas e corretas na empresa de enfermagem.

5.3.7.2 Ferramentas e soluções tecnológicas

O sucesso da implementação da gestão do conhecimento depende dos recursos. O financiamento é inevitavelmente necessário se se pretender criar um investimento durante um sistema tecnológico. São necessários recursos humanos para coordenar e gerir o método de implementação, bem como para assumir funções relacionadas com o conhecimento. O tempo é também uma consideração; as organizações têm de libertar tempo para que os seus trabalhadores realizem actividades de gestão do conhecimento, como a partilha de dados. Da mesma forma, é muito importante proporcionar tempo e oportunidades para que as pessoas sejam informadas (Martensson, 2000). Para além disso, a atenção, de acordo com Davenport *et al.* (2001), é um dos recursos mais escassos em várias empresas. Estes autores constataram a necessidade de se concentrar na gestão da atenção como uma chave para o crescimento da gestão do conhecimento (Wong, 2006).

5.3.7.3 Cultura organizacional-Cooperação

A fim de analisar a inter-relação entre liderança e cultura, bem como o seu impacto conjunto no desempenho, temos tendência a rever principalmente a literatura sobre a ligação cultura-desempenho para identificar as dimensões culturais que devem ser incluídas neste estudo. Denison e os seus colegas (Denison, 1990; Denison *et al.*, 1995; Denison *et al.*, 2004) desenvolveram e, através da observação empírica, apoiaram uma teoria da cultura organizacional e da eficácia que identifica quatro traços culturais que se relacionam positivamente com o desempenho da estrutura, nomeadamente o envolvimento e a participação, a consistência e a integração normativa, a capacidade e a missão. Adicionalmente, Cooke e os seus associados (Cooke *et al.*, 1988; Rousseau, 1990; Cooke *et al.*, 2000) demonstraram que as organizações económicas e inovadoras têm normas que promovem a realização, a auto-realização, a participação no processo cognitivo superior, a cooperação, o apoio social e as relações sociais construtivas. É preciso notar que o modelo de Cooke propõe que a estrutura e a cultura só contribuem para a eficácia se uma orientação humanista for combinada com uma orientação para a realização.

As normas organizacionais que encorajam a cooperação, o trabalho de equipa e a participação são medidas concretas em relação ao desempenho, porque facilitam a coordenação do grupo e a ação natural de recursos estruturais divergentes. Para além disso, a auto-atualização e o desenvolvimento dos trabalhadores são a premissa para a criação de um conjunto de recursos de estrutura de dimensão superior, recursos esses que espelham o capital humano entre as organizações e causam a potência da estrutura Xenikou *et al.*, (2006).

Tabela 24: KMO e Teste de Bartlett Cultura Organizacional (CO)

Medida Kaiser-Meyer-Olkin de adequação da amostragem.		0.634
Teste de esfericidade de Bartlett	Qui-quadrado aproximado	564.395
	Df	29
	Sig.	.000

Tabela 25: Seleção do resultado do SPSS: Variância expressa da cultura organizacional (CO)

	Inicial Valore s própri os			**Extração Somas de Carregame nto ao quadrado s**			**Rotação Somas de Quadra do d Cargas**		
Componen te	**Total**	**% de Varia n ce**	**% acumula da**	**Total**	**% de Varia n ce**	**% acumula da**	**Total**	**% de Varia n ce**	**% acumula da**
1	3.197	29.06 0	29.060	3.197	29.06 0	29.060	2.503	22.75 9	22.759
2	1.684	15.30 9	44.369	1.684	15.30 9	44.369	1.711	15.55 3	38.311

3	1.181	10.736	55.105	1.181	10.736	65.531	1.623	14.751	53.062
4	0.998	9.426	64.531						
5	0.969	8.808	73.339						
6	0.750	6.814	80.153						
7	0.679	6.173	86.326						
8	0.651	5.922	92.248						
9	0.538	3.483	95.731						
10	0.343	2.207	97.938						
11	0.227	1.062	99.000						
12	0.214	1.000	100.000						

Esta estrutura exprime uma variância de 65,36%, o que é aceitável (Nunnally, 1978).

Envolvimento dos ***activos da organização (F1)*** para a ***cultura da organização***. O fator confirmou uma variância de 29,060 %.

O segundo fator é designado por ***Ferramentas e soluções tecnológicas (F2)***. O fator confirmou uma variância de 15,309 %.

O conteúdo do terceiro fator é a **cooperação cultural *(F3)***, que confirmou uma variância de 10,736%.

Tabela 26: Saída SPSS: Matriz de Componentes Rotacionados Cultura Organizacional (CO)

	Componentes		
	F1	**F2**	**F3**
VAR00001			0.584
VAR00002	0.906		
VAR00003			0.798
VAR00004	0.875		
VAR00005	0.755		
VAR00006			
VAR00007		0.839	
VAR00008			
VAR00009		0.815	
VAR01009			
VAR00010			
VAR00011			
VAR00012			

5.3.8 Desenvolvimento dos recursos humanos (DRH)

Como o mundo está a tornar-se mais competitivo e instável do que nunca, as indústrias transformadoras procuram obter vantagens competitivas a todo o custo e estão a recorrer a fontes mais inovadoras através das práticas de DRH (Sparrow, Schuler, & Jackson, 1994). As práticas de DRH têm sido definidas em vários aspectos. Schuler e Jackson (1987) definiram as práticas de DRH como um sistema que atrai, desenvolve, motiva e retém os empregados para assegurar a implementação efectiva e a sobrevivência da organização e dos seus membros.

Além disso, as práticas de DRH são também conceptualizadas como um conjunto de políticas e práticas internamente consistentes concebidas e implementadas para assegurar que o capital humano de uma empresa contribui para a realização dos seus objectivos empresariais Delery *et al.*,(1996). Do mesmo modo, Minbaeva (2005) considerou as práticas de DRH como um conjunto de práticas utilizadas pela organização para gerir os recursos humanos, facilitando o desenvolvimento de competências que são específicas da empresa, produzem relações sociais complexas e geram conhecimento organizacional para sustentar a vantagem competitiva. Neste contexto, concluímos que as práticas de DRH dizem respeito a práticas específicas, políticas formais e filosofias concebidas para atrair, desenvolver, motivar e reter os trabalhadores que asseguram o funcionamento eficaz e a sobrevivência da organização. Uma revisão da literatura demonstra cinco práticas comuns que têm sido consistentemente associadas à inovação, abrangendo a avaliação do desempenho, a gestão de carreiras, o sistema de recompensas, a formação e o recrutamento (Laursen *et al.*, 2003; Shipton, *et al.*, 2005).

5.3.8.1 Satisfação profissional

Outra questão central na gestão do conhecimento é a forma de evitar que a informação se perca. É frequentemente aqui que a retenção de trabalhadores ganha importância na gestão do conhecimento, sobretudo no sector das PME. Para reter os trabalhadores numa organização, é vital proporcionar-lhes oportunidades de crescimento e de progressão na carreira. As políticas e práticas da unidade de tempo têm de ser obrigatoriamente concebidas para lhes permitir realizar as suas aspirações pessoais (Brelade *et al.*, 2000). Igualmente vital é proporcionar uma atmosfera operacional causal em que os trabalhadores se sintam confortáveis e fomentar a sua satisfação profissional.

5.3.8.2 Prémios e motivação

Do ponto de vista da caraterística psicológica extrínseca, o comportamento individual é impulsionado pelos seus valores percebidos e, por conseguinte, pelos limites da ação. Os objectivos básicos dos comportamentos extrinsecamente pretendidos são receber recompensas de estrutura ou vantagens recíprocas (Vallerand *et al.*, 2000). As recompensas estruturais são úteis para motivar as pessoas a realizar os comportamentos desejados (Bartol *et al.*, 2000). As recompensas estruturais variam entre incentivos financeiros, como o aumento do salário e os bónus, e prémios não monetários, como as promoções e a segurança no emprego (Hargadon *et al.*, 1998). Muitas organizações introduziram sistemas de recompensa para incentivar os trabalhadores a partilharem os seus conhecimentos.

Tabela 27: Teste de KMO e Bartlett (HRD)

Medida de adequação da amostragem de Kaiser-Meyer-Olkin.		0.639
Teste de esfericidade de Bartlett	Aprox. Qui-quadrado	1.590E3
	Df	105
	Sig.	0.000

Tabela 28: Saída SPSS: Matriz de Componentes Rotacionados Cultura Organizacional (CO)

	Inicial Valores próprios			**Extração Somas de Carregamento ao quadrado s**			**Rotação Somas de Quadrado d Cargas**		
Componente	**Total**	**% de Varia n ce**	**% acumulada**	**Total**	**% de Varia n ce**	**% acumulada**	**Total**	**% de Varia n ce**	**% acumulada**
1	3.417	42.717	42.717	3.417	42.717	42.717	2.920	38.500	38.500
2	1.892	23.650	66.367	1.892	23.650	66.367	2.005	25.061	61.560
3	0.968	14.602	80.969						
4	0.781	9.767	90.736						
5	0.387	4.834	95.570						
6	0.217	2.715	98.285						
7	0.122	1.527	99.812						
8	1.502E-02	0.188	100.000						

Esta estrutura exprimia uma variância de 61,560 %, o que é aceitável (Nunnally, 1978).

Envolvimento da ***satisfação no trabalho (F1)*** no ***desenvolvimento dos recursos humanos.*** O fator confirmou uma variância de 38,500 %.

O segundo fator é ***Prémios e motivação (F2)***. O fator confirmou uma variância de 25,061%.

Tabela 29: Saída SPSS: Matriz de Componentes Rotacionados Cultura Organizacional (CO)

	Componentes	
	F1	**F2**
VAR00001		
VAR00002		
VAR00003	0.974	
VAR00004		0.807
VAR00005	0.978	
VAR00006		
VAR00007		0.815
VAR00008	0.748	

5.3.9 Manutenção (MT)

Ao longo dos anos, a importância da manutenção e, portanto, da gestão da manutenção amadureceu. A mecanização e a automatização generalizadas reduziram a quantidade de pessoal de produção e aumentaram o capital utilizado nos instrumentos de produção e nas estruturas civis. Como resultado, a fração de trabalhadores que operam no espaço da manutenção é ainda mais responsável pela fração do pagamento da manutenção dos preços operacionais globais (que amadureceu ao longo dos anos). Nas refinarias, por exemplo, não é raro que os departamentos de manutenção e de operações sejam os mais importantes, incluindo cada trinta por cento da força de trabalho total. Além disso, a seguir aos preços da energia, os preços da manutenção serão a parte mais importante de qualquer orçamento operacional. No entanto, a questão mais importante enfrentada pela manutenção, a gestão, se a sua produção é ou não criada de forma muito eficaz, em termos de contribuição para os lucros da empresa e de forma eficiente, em termos de força de trabalho e materiais utilizados, é incrivelmente difícil de responder.

Manutenção de avarias, manutenção preventiva e manutenção corretiva

No início dos anos 1900, a manutenção era considerada um mal necessário. Quando o equipamento se avariava, era reparado sem ter em conta o custo ou o tempo consumido, etc. Nessa altura, a atitude geral em relação à manutenção era: "custa o que custa". No entanto, com o advento da evolução tecnológica, a manutenção pode agora ser planeada e controlada e pode otimizar os processos de produção. Atualmente, a manutenção é considerada como uma parte indispensável do processo empresarial. A eficiência e a eficácia do sistema de manutenção desempenham um papel importante no sucesso e na sobrevivência de uma organização. De acordo com Nakajima *et al.,* (1992), existem dois tipos de manutenção da produção: planeada e não planeada. A manutenção planeada é geralmente classificada como manutenção preventiva e corretiva, enquanto a manutenção de avarias é considerada como não planeada. A manutenção preventiva pode ainda ser subdividida em manutenção fixa e manutenção preditiva (Mansour *et al.*, 2012).

Os resultados do teste KMO (Kaiser-Meyer-Olkin) e do teste de Bartlett são apresentados na Tabela 4.26.

Tabela 30: KMO e Teste de Bartlett (Manutenção)

Medida de adequação da amostragem de Kaiser-Meyer-Olkin.		0.687
Teste de esfericidade de Bartlett	Qui-quadrado aproximado	1.025E3
	Df	28

		Sig.	0.000

Tabela 31: Selecionar saída SPSS: Manutenção da Variância Expressa (MT)

	Inicial Valores próprios			Extração Somas de Carregamento ao quadrado s			Rotação Somas de Quadrado d Cargas		
Componente	Total	% de Varian ce	% acumulada	Total	% de Varian ce	% acumulada	Total	% de Varian ce	% acumulada
1	3.576	44.706	44.706	3.576	44.706	44.706	2.882	36.026	36.026
2	1.891	23.631	68.337	1.891	23.631	68.337	2.211	27.643	63.668
3	1.150	14.376	82.713	1.150	14.376	82.713	1.524	19.045	82.713
4	0.751	9.385	92.098						
5	0.381	3.765	95.863						
6	0.214	1.671	97.534						

	Inicial Valores próprios			Extração Somas de Carregamento ao quadrado s			Rotação Somas de Quadrado d Cargas		
Componente	Total	% de Varian ce	% acumulada	Total	% de Varian ce	% acumulada	Total	% de Varian ce	% acumulada
7	0.201	1.823	99.357						
8	2.227E - 02	0.278	99.635						
9	1.502E - 02	0.365	100.000						

Esta estrutura exprime uma variância de 82,713 %, o que é aceitável (Nunnally, 1978).

Envolvimento da ***avaria (F1)*** para a ***manutenção.*** O fator confirmou uma variância de 36,026 %.

O nome do segundo fator é ***Manutenção preventiva (F2)***. O fator confirmou uma variância de 27,643 %.

O conteúdo do terceiro fator é a ***manutenção* corretiva *(F3)***, que confirmou uma variação de 19,043%.

Tabela 32: Saída SPSS: Matriz de Componentes Rotacionados (Manutenção)

	Componentes		
	F1	F2	F3
VAR00001		0.861	
VAR00002			0.942
VAR00003	0.914		
VAR00004			0.837
VAR00005	0.948		
VAR00006		0.696	
VAR00007			
VAR00008		0.735	

5.3.10 Empoderamento dos trabalhadores (EE)

O empowerment é uma técnica moderna e eficaz para promover a produtividade organizacional, tirando partido das capacidades dos funcionários. Os trabalhadores, através dos seus conhecimentos, experiência e motivação, têm um poder latente. De facto, o empowerment consiste em libertar esse poder (Khanalizade *et al.*, 2010). Thomas *et al.* (1990) consideraram-no como a motivação para realizar as tarefas principais. Alguns expressaram-no como o reflexo motivacional adequado entre o trabalhador e o trabalho (Conger *et al.*, 1998). Spreitzer (1996) definiu participação e empowerment como a distribuição do poder de decisão às pessoas que não o têm.

A força humana tem sido o maior capital do país e os principais factores de crescimento e melhoria das diferentes sociedades. Com um olhar inteligente sobre a força humana em diferentes organizações, podemos distinguir a qualidade relativamente considerável dos recursos humanos, que é impulsionada pelo conhecimento, experiência, escassez de competências e falta de capacidade necessária. As empresas nacionais das zonas produtoras de petróleo no Sul são organizações que têm uma grande quantidade de trabalhadores experientes e conhecedores a trabalhar nelas. A maioria destas pessoas deixa a organização devido à reforma nos próximos anos. A falta destas pessoas é considerada como uma privação da empresa de valiosos conhecimentos, competências, experiência e aptidões que foram acumulados durante anos e que foram guardados na mente destes trabalhadores.

5.3.10.1 Formação, confiança

A formação dos trabalhadores, o seu desenvolvimento e o crescimento das suas competências constituem a base subjacente à criação da autorização. Nas novas organizações, que são designadas por organizações de aprendizagem, os gestores demonstram um grande interesse pela autorização e pelas práticas de gestão apoiadas na autorização. Este interesse deve-se ao facto de a autorização desempenhar um papel importante na promoção da cultura de aprendizagem. (Kord *et al.*, 2014).

O envolvimento dos trabalhadores na criação de escolhas de estrutura pode ser um espaço bem estudado. Descreve, no entanto, a forma como os trabalhadores contribuirão eficazmente para atingir os objectivos da organização. Refere-se ao grau em que os trabalhadores partilham dados, conhecimentos, recompensas e poder em toda a organização.

Investigadores como George S. Kaufman (1992), Silos (1999), Wilson *et al.* (1999), Bhatt (2000), Choi (2000), Hall (2001), Binney (2001), Ryan *et al.* (2001), Hung *et al.* (2005) e Moffett *et al.* (2003) concluíram que o envolvimento dos trabalhadores é um dos factores vitais para o sucesso da implementação da gestão da informação. Os líderes das empresas apercebem-se de que a informação dos trabalhadores pode ser um recurso vital para a vantagem competitiva, pelo que incentivam os trabalhadores a partilhar esses dados (Choi, 2000). De acordo com Lawler (1992), criar uma organização de elevado envolvimento envolve a criação de alternativas relativamente à estrutura, estilo que cria um mundo no qual as pessoas compreendem muito, fazem muito e contribuem muito. O reconhecimento da importância da informação silenciosa dos trabalhadores baseia-se na crença de que a melhoria do desempenho da tripla coroa pode não depender apenas da organização do trabalho e, por conseguinte, da capacidade do trabalhador, mas também do temperamento dos trabalhadores para converter a informação silenciosa do método de trabalho em melhoria contínua do método e inovação (Crauise O'Brien, 1995).

5.3.10.2 Compromisso de liderança

Muitos investigadores (Abell *et al.*, 1999; Civi, 2000; Chard, 1997; Davenport *et al.*, 1998; Dutta, 1997; Greengard, 1998; Guns et al.,1998; Hansen et al., 1999; Kalling, 2003; Moffett *et al.*, 2003; Pemberton *et al.*, 2002; Roberts, 1996; Ryan *et al*, 2001; Salleh & Goh, 2002) têm insistido que a liderança e o empenho da gestão de topo são os factores cruciais mais importantes para um projeto de gestão de dados produtivo, sobretudo nas actividades de gestão do conhecimento e de partilha de cultura.

O empenhamento da liderança no método de gestão de dados é crucial (Kalling, 2003). A liderança é responsável pela visão de dados da organização, pela ação humana dessa visão e pela construção de uma cultura que considere os dados como um recurso importante da empresa (Pemberton, *et al.*, 2002). É, portanto, necessário que a gestão de topo reconheça a sua importância e apoie o acontecimento de programas e políticas para a tornar real (Greengard, 1998; Gun *et al.*, 1998). Sem o apoio dos gestores de topo, o sucesso das actividades de gestão da informação é difícil (Civi, 2000). Só uma liderança robusta pode dar a direção obrigatória, sempre que uma empresa de grau de associado possa conseguir implementar e implantar eficazmente uma estratégia de gestão do conhecimento (Hansen *et al.*, 1999). Para apreciar o potencial da gestão da informação, a liderança da empresa deve dar o ambiente certo para inspirar o seu pessoal a mudar a criação, organização e partilha de informação (Abell *et al.*, 1999).

O compromisso da liderança com o processo de gestão do conhecimento é essencial (Kalling, 2003). A liderança é responsável por criar a visão de conhecimento da organização, comunicar essa visão e construir uma cultura que considere o conhecimento como um recurso vital da empresa (Pemberton, *et al.,* 2002). Por conseguinte, é importante que a gestão de topo reconheça a sua importância e apoie o desenvolvimento de programas e políticas para a tornar real (Greengard, 1998; Gun *et al.*, 1998). Sem o apoio dos gestores de topo, o êxito das actividades de gestão do conhecimento é difícil (Civi, 2000). Só uma liderança forte pode fornecer a orientação necessária, quando uma empresa tiver de implementar e aplicar eficazmente uma estratégia de gestão do conhecimento (Hansen *et al.*, 1999). Para concretizar o potencial da gestão do conhecimento, a liderança da empresa deve proporcionar o ambiente adequado para motivar os seus trabalhadores a permitir a criação, organização e partilha de conhecimentos (Abell *et al.*, 1999).

A capacitação dos trabalhadores pode ser considerada como a espinha dorsal de qualquer organização. Quanto melhor for o capital humano e a força de trabalho, melhor será o desempenho da organização através dos seus poderes. Isto pode ser promovido e, em última análise, levará a organização a tomar iniciativas para a sua adoção nas indústrias transformadoras. Os resultados do teste KMO (Kaiser-Meyer-Olkin) e do teste de Bartlett são apresentados na Tabela 4.29.

Tabela 33: KMO e Teste de Bartlett (Empoderamento dos Empregados)

Medida Kaiser-Meyer-Olkin de adequação da amostragem.		0.515
Teste de esfericidade de Bartlett	Aprox. Qui-quadrado	875.904
	Df	36
	Sig.	0.000

Tabela 34: Seleção do resultado do SPSS: Variância expressa (Employee Empowerment)

	Inicial Valores próprios			**Extração de somas de cargas quadradas**			**Rotação Somas de Quadrado d Cargas**		
Componente	**Total**	**% de Varia n ce**	**% acumulada**	**Total**	**% de Varia n ce**	**% acumulada**	**Total**	**% de Varia n ce**	**% acumulada**
1	2.386	39.76	39.769	2.386	39.76	39.769	2.045	34.07	34.075

		9			9			5	
2	1.136	18.935	58.704	1.136	18.935	58.704	1.478	24.628	58.704
3	0.966	16.103	74.807						
4	0.864	10.741	85.548						
5	0.768	8.474	94.022						
6	0.579	2.979	97.001						
7	0.344	2.121	99.122						
8	0.247	0.878	100.000						

Esta estrutura exprime uma variância de 58,075 %, o que é aceitável (Nunnally, 1978).

Envolvimento da ***formação, confiança (F1)*** para o ***empowerment dos trabalhadores***. O fator confirmou uma variância de 34,075 %.

O segundo fator é o ***compromisso de liderança (F2)***. O fator confirmou uma variância de 24,628%.

Tabela 35: Saída SPSS: Matriz de Componentes Rotacionadas (Empoderamento dos Empregados)

	Componentes	
	F1	**F2**
VAR00001		0.710
VAR00002	0.919	
VAR00003		
VAR00004	0.577	
VAR00005		0.852
VAR00006	0.862	
VAR00007		
VAR00008	0.647	

5.3.11 Estratégia de conhecimento (KS)

Zack (1999) definiu a estratégia do conhecimento como as abordagens que uma organização emprega para alinhar os seus recursos e capacidades de conhecimento com os requisitos racionais da sua estratégia. Mais simplesmente, a estratégia de gestão do conhecimento é o processo de geração, codificação e conhecimento explícito e tácito dentro de uma organização, obtendo a informação certa, para a pessoa certa e no momento certo. A estratégia de conhecimento determina as necessidades, os meios e as actividades para a realização do objetivo. É geralmente aceite na literatura que a estratégia de gestão do conhecimento deve ser integrada na estratégia empresarial da organização.

A gestão eficaz do conhecimento começa com uma estratégia adequada. Esta é uma questão crucial que afecta a implementação bem sucedida da gestão do conhecimento e é a forma como as empresas podem avaliar e selecionar melhor uma estratégia de gestão do conhecimento favorável. A seleção da estratégia de gestão do conhecimento, que é uma questão estratégica, inclui um julgamento subjetivo e qualitativo (Wu, 2008).

5.3.11.1 Mapeamento de competências

A cartografia do conhecimento pode ser uma técnica de investigação para delinear os dados necessários e, por conseguinte, os dados existentes no mercado para apoiar um método empresarial. Analisa conjuntamente um método empresarial para identificar marcos de chamada (onde é necessário conhecimento), necessidades de dados (que conhecimento é necessário), vias de acesso e recuperação de dados através de pessoas e tecnologia e lacunas entre as competências necessárias e as competências actuais (USAID, 2003). Durante esta técnica, podemos estabelecer a estrutura individual, os processos e as suas etapas, a posição da pessoa que desempenha a etapa, as principais competências e formação que a pessoa deve ter numa posição específica, as experiências e a experiência para a posição, os recursos necessários e os procedimentos ou acções que devem ser realizados ao aplicá-los. No âmbito da palavra diferente, temos tendência a utilizar a análise de funções durante esta técnica de mapeamento de dados (Mostafa J. *et al.,* 2009).

5.3.11.2 Requisitos de capacidades futuras

Hoje em dia, as empresas estabelecem ou aumentam a sua atividade através do comércio eletrónico e procuram assim novas capacidades para gerir direcções baseadas na Internet com os seus fornecedores, parceiros e clientes. A primeira utilização deste sistema de comércio eletrónico consiste em produzir uma coordenação eficaz entre as operações de compra e os seus fornecedores, os fornecedores de abastecimento e transporte, a organização de vendas e o cliente. Um dos principais ingredientes para a satisfação de problemas mais graves é a disponibilidade contínua, a acessibilidade e a aplicação de informação estruturada no sistema de comércio eletrónico.

O conhecimento embutido nas mercadorias e serviços tem sido reconhecido como uma das principais fontes de vantagem competitiva (Clarke *et.al.* 2001). O processo económico, a expansão das organizações em rede, ainda devido à intensidade da informação dos produtos e serviços recentes, aumentou a importância da gestão da informação. O conhecimento está a transformar-se no recurso estratégico mais valioso; e a capacidade de uma empresa utilizar a informação para lidar com problemas e oportunidades de mercado é a capacidade mais vital. Quanto mais a empresa estiver ciente da preocupação com os seus clientes, produtos, tecnologias e mercados, melhor será o seu desempenho em comparação com os seus rivais (Empson, 1999). Por conseguinte, várias empresas implementarão a gestão da informação como uma capacidade essencial para obterem uma vantagem competitiva. (Clarke *et al.*, 2001).

5.3.11.3 Decisão de aprovisionamento

A estratégia de sourcing refere-se geralmente à gestão de

- Oferta distintiva que as unidades de produção podem servir a mercados específicos e a forma como os elementos vão ser equipados para a produção e
- A interface entre I&D, fabrico e promoção numa base mundial. O objetivo final da estratégia de sourcing é que a empresa utilize as suas próprias vantagens competitivas e as dos seus fornecedores e também as vantagens comparativas de localização para o fornecimento de materiais (M. Kotabe *et al.*, 2004).

Tabela 36: KMO e teste de Bartlett para a estratégia de conhecimento (KS)

Medida Kaiser-Meyer-Olkin de adequação da amostragem.		0.663
Teste de esfericidade de Bartlett	Qui-quadrado aproximado	621.395
	Df	36
	Sig.	.000

Tabela 37: Selecionar SPSS Output: Variância Expressa (Estratégia de Conhecimento)

	Inicial Valores próprios			**Extração Somas de Carregamento ao quadrado s**			**Rotação Somas de Quadrado d Cargas**		
Componente	**Total**	**% de Varian ce**	**% acumulada**	**Total**	**% de Varian ce**	**% acumulada**	**Total**	**% de Varian ce**	**% acumulada**
1	3.000	37.495	37.495	3.000	37.495	37.495	2.450	30.622	30.622
2	1.472	18.396	55.892	1.472	18.396	55.892	1.671	20.885	51.508
3	1.270	15.872	71.764	1.270	15.872	71.764	1.620	20.256	71.764
4	0.921	10.098	81.862						
5	0.823	8.043	89.905						
6	0.728	4.021	93.923						
7	0.524	2.971	96.897						
8	0.441	2.871	99.768						
9	0.347	0.232	100.000						

Esta estrutura exprimiu uma variância de 71,764%, o que é aceitável (Nunnally, 1978). Envolvimento da ***decisão de sourcing (F1)*** para a ***estratégia de conhecimento.*** O fator confirmou uma variância de 30,622%.

O segundo fator é o ***requisito de capacidade futura (F2)***. O fator confirmou uma variância de

20,885%.

O nome do terceiro fator é ***mapeamento de competências (F3).*** O fator confirmou uma variância de 20,256%.

Tabela 38: Saída SPSS: Matriz de Componentes Rotacionados (Estratégia de Conhecimento)

	Componentes		
	F1	**F2**	**F3**
VAR00001			0.898
VAR00002		0.844	
VAR00003	0.637		
	Componentes		
	F1	**F2**	**F3**
VAR00004	0.847		
VAR00005	0.826		
VAR00006	0.727		
VAR00007			0.801
VAR00008		0.797	
VAR00009		0.827	

5.3.12 Ciclo de vida do produto (PLC)

Foram feitos e estão em curso vários esforços internacionais para desenvolver e promover estudos e aplicações da sustentabilidade nas empresas e no sector público.

As actividades de investigação são dedicadas à possibilidade de combinar abordagens inovadoras com outras ferramentas e metodologias, a fim de permitir uma gestão cooperativa para processar o conhecimento em cadeias de valor alargadas, melhorando a eficiência e a eficácia. Cada vez mais, o valor acumula a experiência intelectual, que pode ser adquirida, interpretada e transformada para criar inovação.

O PLM é uma ferramenta adquirida recentemente; por si só, representa uma inovação na formalização do conhecimento, fornecendo uma gama de diferentes ferramentas para a resolução de problemas através das TIC.

A gestão do ciclo de vida do produto é uma abordagem para gerir o conhecimento que envolve todas as fases do desenvolvimento do produto, desde a conceção até à eliminação (Trotta, 2010).

5.3.12.1 Crescimento

À medida que os primeiros utilizadores começam a utilizar a mercadoria, a aquisição começa a crescer e os lucros começam normalmente a seguir-se. Esta é frequentemente uma boa altura para uma empresa introduzir um novo produto, uma vez que a empresa ainda goza de um monopólio na fase inicial de crescimento. A empresa está a colher todas as vendas e lucros do novo produto. Uma vez

A Chrysler introduziu o conceito de carrinha de passageiros, e estava na posição desejável de ter a única carrinha de passageiros no mercado.

À medida que os primeiros adoptantes começam a influenciar a maioria inicial, as vendas e os lucros aumentam. Além disso, a concorrência tem estado a observar a origem dos novos produtos. Infelizmente para a primeira empresa, a concorrência também se apercebeu do sucesso dos novos produtos. Embora não possam ser os primeiros, os concorrentes correm para fornecer a sua própria mercadoria e ganhar uma parte de um mercado em crescimento. A carrinha de passageiros da Chrysler não conseguiu manter o seu monopólio durante muito tempo; em breve, os outros grandes fabricantes de automóveis ofereceram modelos para competir com a Chrysler. Embora as vendas totais e os lucros continuem a crescer durante a fase de expansão, são divididos entre vários fabricantes.

5.3.12.2 Maturidade

No topo da fase de expansão do ciclo de vida, o mercado começa a tornar-se terrivelmente competitivo, e esta tendência mantém-se na primeira parte da fase de maturidade. Para além de mais fabricantes oferecerem as suas mercadorias, os produtores prosseguem o método de diferenciação dos produtos iniciado na fase de crescimento. O resultado é um mercado saturado com vários fabricantes que oferecem vários modelos da mercadoria. Estes fabricantes produzem uma grande variedade de modelos, desde computadores de secretária a computadores portáteis.

Com numerosas empresas atualmente no mercado, a concorrência pelos compradores torna-se feroz. Embora as vendas totais continuem a crescer durante a primeira parte da fase de maturidade, o aumento da concorrência faz com que os lucros atinjam o seu máximo no topo da fase de expansão e no início da fase de maturidade. Em seguida, os lucros diminuem durante o resto da fase de maturidade. O declínio dos lucros significa que o mercado não está tão envolvido com as empresas como estava na fase de crescimento.

Na fase de crescimento, mesmo as empresas ineficientes criam dinheiro. No entanto, apenas as empresas mais eficazes e os seus produtos sobrevivem na fase de maturidade. Os fabricantes começam a desistir à medida que vêem os lucros a dar lugar a perdas. Embora ainda exista concorrência no sector, por exemplo, empresas como a Hollow e a Apple emergiram como líderes de mercado. Ao longo da última parte da fase de maturidade, até as vendas começam a cair, o golfe exerce muita pressão sobre os restantes fabricantes.

5.3.12.3 Declínio

O número de empresas que abandonam o mercado continua e acelera na fase de declínio. Não só a potência da empresa desempenha um elemento no declínio, como também a própria classe de mercadoria se torna atualmente um elemento. Nesta altura, o mercado pode entender a mercadoria como "velha" e não vai ser procurada. Por exemplo, o público em geral substituiu a sua preferência por carrinhas pela procura de monovolumes. O avanço da tecnologia pode, além disso, contornar e substituir um produto, como aconteceu quando as cassetes e os CD substituíram o disco de vinil.

O produto pode continuar a existir enquanto alguns fabricantes mantiverem a sua rentabilidade. Os retardatários podem resistir à mudança para a escolha, e os fabricantes que a agência da ONU servirá produtivamente este nicho ainda o podem fazer. Eventualmente, até os retardatários podem mudar, e também as últimas empresas que fabricam a mercadoria serão forçadas a retirar-se, matando assim o grupo de mercadorias (http://www.referenceforbusiness.com/management/Or-Pr/Product- Life-Cycle-and-Industry-Life-Cycle.html).

Tabela 39: KMO e teste de Bartlett Ciclo de vida do produto (PLC)

Medida Kaiser-Meyer-Olkin de adequação da amostragem.		0.544
Teste de esfericidade de Bartlett	Aprox. Qui-quadrado	362.215
	Df	36
	Sig.	0.000

Tabela 40: Selecionar saída SPSS: Ciclo de Vida do Produto (PLC)

	Inicial Valore s própri os			**Extração Somas de Carregame nto ao quadrado s**			**Rotação Somas de Quadra do d Cargas**		
Componen te	**Total**	**% de Varia n ce**	**% acumula da**	**Total**	**% de Varia n ce**	**% acumula da**	**Total**	**% de Varia n ce**	**% acumula da**
1	3.417	42.71 7	42.717	3.417	42.71 7	42.717	2.920	36.50 0	41.500
2	1.892	23.65	66.367	1.892	23.65	66.367	2.005	24.06	65.601

		0			0			1	
3	1.168	14.60 2	80.969	1.168	14.60 2	80.969	1.553	18.89 7	84.498
4	0.781	9.767	90.736						
5	0.387	4.834	95.570						
6	0.217	2..215	97.785						
7	0.122	0.882 1	98.667						
8	1.302E - 02	1.120	99.787						
9	1.502E - 02	0.212	100.000						

Esta estrutura exprime uma variância de 84,498 %, o que é aceitável (Nunnally, 1978).

Envolvimento do ***crescimento (F1)*** para o ***ciclo de vida do produto.*** O fator confirmou uma variância de 36,500 %.

O nome do segundo fator é ***maturidade (F2)***. O fator confirmou uma variância de 24,061%.

O nome do terceiro fator é ***declínio (F3).*** O fator confirmou uma variância de 18,987 %.

Tabela 41: Saída SPSS: Matriz de Componentes Rotacionados (Ciclo de Vida do Produto)

	Componentes		
	F1	**F2**	**F3**
VAR00001	0.704		
VAR00002	0.789		
VAR00003		0.811	
VAR00004			
	Componentes		
	F1	**F2**	**F3**
VAR00005		0.783	
VAR00006			
VAR00007			0.544
VAR00008			
VAR00009			0.739

Tabela 42: Carregamento Fatorial

S r. N o	**Fator/ Variável**	**Nome da dimensão**	**Fiabilidade**	**%de Variação**	**Fator de carga**
1		**1-Gestão do conhecimento**	**Alfa =** 0,674		
	F1	**Partilha de conhecimentos**		36.706	
	VAR000 03	Empresas que adoptaram novos métodos de gestão de parcerias para a aquisição de conhecimentos.			0.940
	VAR000 05	A organização acredita nas práticas de KM			0.612
	VAR000	As práticas de gestão empresarial aumentam a			0.753

	06	satisfação dos trabalhadores			
	VAR000 08	Organização que mantém a base de dados KM			0.946
	F2	**Criação de conhecimento**		**27.643**	
	VAR000 010	Gestão do conhecimento com a melhoria da teoria da gestão da produção, no contexto da produção, através da aplicação de princípios fundamentais.			0.666
	VAR000 011	Promover a partilha de informações, motivar os trabalhadores a permanecer na empresa, criar parcerias para a aquisição de conhecimentos - as empresas industriais estão cada vez mais conscientes da necessidade de gerir o conhecimento individual e coletivo.			0.793
	VAR000 016	Aplicar novos conhecimentos à tomada de decisões, à resolução de problemas ou a inovações			0.633
	F3	**Retenção de conhecimentos**		**19.045**	
	VAR000	Grande funcionário a partilhar os seus conhecimentos.			0.777
	07				
	VAR000 09	A gestão do conhecimento melhorará a gestão da produção e evitará ou minimizará as perdas e fraquezas que normalmente resultam de um mau desempenho, bem como aumentará o nível competitivo da empresa.			0.844
	VAR000 013	A abordagem da inovação aumentará a gestão do conhecimento			0.933
	F4	**Inovação do conhecimento (IC)**			
	VAR000 012	A gestão do conhecimento estimula a inovação, um fator de produtividade.			0.888
	VAR000 014	A inovação conduz à transferência de tecnologia, o que aumenta a produtividade.			0.622
2		**2-Conceção e Engenharia (D&E)**	**Alfa = 0,834**		
	F1	**Conceção do produto (Prod.D)**		**36.224**	
	VAR000 009	Os diferentes tipos de disposição dos produtos são estudados para se adaptarem a uma disposição específica.			0.818
	VAR000 010	A utilização óptima das máquinas.			0.756
	VAR000 011	O desdobramento da função qualidade é utilizado para aumentar a qualidade do produto.			0.614
	F2	**Conceção do processo (Processo D.)**		**26.085**	
	VAR000 001	A conceção do sistema aumentará a fiabilidade do produto.			0.844
	VAR000 003	Através da conceção do sistema, o fluxo de matérias-primas tornar-se-á fácil			0.933
	VAR000 004	A conceção do sistema permitirá obter resultados de alta qualidade com um custo e			

		um tempo mínimos.			
	F3	**Conceção do sistema (SD)**		**19.438**	
	VAR000 005	A engenharia de sistemas lida com processos de trabalho, métodos de otimização			0.614
	VAR000 007	Melhorará a qualidade geral do produto final.			0.768
	VAR000 012	O produto pode ser concebido de acordo com as necessidades do cliente.			0.652
3		**3-Produção**	**Alfa 0.787**		
	F1	**Planeamento agregado (PA)**		**25.127**	
	VAR000 04	A programação é uma ferramenta importante para o fabrico e a engenharia, onde pode ter um grande impacto na produtividade de um processo.			0.975
	VAR000 09	O aumento da quantidade de inventário também aumenta a carga de trabalho associada à gestão do inventário, como a contagem cíclica, o inventário físico anual e a manutenção geral do armazém.			0.975
	F2	**Programação (SC)**		**18.266**	0.905
	VAR000 05	Melhora a reflexão e a utilização das capacidades das máquinas e dos trabalhadores			0.949
	VAR000 07	A definição de prioridades de inventário pela empresa é determinante para a eficácia do controlo de inventário.			0.957
	VAR000 12	O hardware e o software avançados ajudam na conceção de novos produtos, na modificação de produtos existentes, podem ser fabricados de forma mais automática e os produtos são mais bem concebidos para poderem ser fabricados.			0.905
	F3	**Controlo de inventário (CI)**		**15.331**	
	VAR000 06	A programação define a entrega do produto final a tempo de obter a satisfação do cliente.			0.832
	VAR000 07	A definição das prioridades do inventário pela empresa é um fator determinante para a eficácia do controlo do inventário.			0.703
	VAR000 08	As competências dos empregados que trabalham no controlo do inventário, bem como o nível de formação que lhes é ministrado, afectam o controlo do inventário.			0.601
	F4	**Controlo de qualidade (CQ)**		**9.722**	
	VAR000 01	O planeamento agregado ajuda a satisfazer o cliente, satisfazendo a procura e reduzindo o tempo de espera.			0.673
	VAR000 11	A organização efectua tarefas sobrepostas ou repetitivas, o que diminui a produtividade global			0.974
4		**Distribuição(D)**	**Alfa 0.874**		
	F1	**Logística de terceiros (3PL)**		**28.224**	

	Código	Item	Alfa	Variância	Carga
	VAR000 01	As incertezas ambientais têm uma influência positiva na logística de terceiros.			0.775
	VAR000 05	A gestão de armazéns visa controlar o movimento e a armazenagem de materiais num armazém e processar as transacções associadas, incluindo a expedição, a receção, a arrumação e a recolha.			0.711
	VAR000 06	A gestão de armazéns é utilizada para controlar o fluxo de produtos.			0.735
	VAR000 09	O controlo das encomendas gere os depositantes a partir de qualquer canal: sítios Web, smartphones, lojas, e-mail do serviço de apoio ao cliente.			0.804
	F2	**Gestão de armazéns (WM)**		**26.085**	
	VAR000 10	O controlo das encomendas minimiza o tempo de entrega.			0.808
	VAR000 12	Proporcionará uma boa ligação entre os artigos acabados e o cliente.			0.679
	F3	**Controlo de encomendas (OC)**		**14.751**	
	VAR000 02	O sistema de informação logística aumenta o sistema de integração logística.			0.758
	VAR000 08	A gestão do armazém pode seguir os dados do produto durante o processo de produção.			0.756
5		**Tecnologias/Sistemas de Informação (STI)**	**Alfa 0.784**		
	F1	**Informação estratégica (SI)**		**15.706**	
	VAR000 008	Processos de compra normalizados em toda a organização.			0.508
	VAR000 009	Redução dos custos administrativos com maior eficácia.			0.723
	VAR000 011	O sistema de mailing de clientes é a forte relação estabelecida entre o cliente e o fabricante.			0.689
	F2	**Planeamento das necessidades de materiais e ERP (MRP& ERP)**		**14.206**	
	VAR000 001	Com a utilização da tecnologia da informação para melhorar o produto e o processo nas indústrias transformadoras.			0.743
	VAR000 003	Através da tecnologia da informação, são procuradas novas máquinas de fabrico mais recentes para			0.762
		aumentar a produção.			
	F3	**EDI e E Procurement (EDI e EP)**		**12.983**	
	VAR000 04	Através do sistema ERP, o estado exato do material será conhecido.			0.538
	VAR000 07	Redução dos custos de aquisição e aumento da eficiência.			0.524
	VAR000 10	Através do sistema de feedback do cliente, a qualidade do produto é aumentada.			0.639
	F4	**gestão das relações com os clientes (CRM)**		**11.916**	
	VAR000	O fluxo de dados de um departamento para			0.829

	02	vários departamentos tornar-se-á fácil e rápido.			
	VAR000 05	É utilizada a mão de obra especializada que possui conhecimentos de ERP.			0.829
	VAR000 12	As queixas dos clientes serão tidas em conta para satisfazer o cliente.			
6		**Produtividade (PY)**	**Alfa 0.879**		
	F1	**Produtividade total dos factores (TPF)**		**22.759**	
	VAR000 03	O conhecimento tem um efeito direto sobre a PTE.			0.919
	VAR000 04	O TPF é utilizado para medir a economia.			0.577
	VAR000 05	É utilizado para medir os objectivos, metas e iniciativas que, coletivamente, descrevem a estratégia da organização e a forma como essa estratégia pode ser alcançada			0.862
	F2	**Análise envoltória de dados (DEA)**		**15.553**	
	VAR000 02	A DEA permite estimar uma relação de melhores práticas entre múltiplos outputs e múltiplos inputs.			0.881
	VAR000 09	Com a DEA, as fontes de ineficiência podem ser analisadas e quantificadas para cada unidade avaliada.			0.666
	VAR000 10	A análise envoltória de dados é utilizada para avaliar a eficácia das políticas públicas			0.773
	F3	**Balance Scorecard (BC)**		**14.751**	
	VAR000 01	A produtividade total dos factores é utilizada para medir a evolução tecnológica a longo prazo.			0.777
	VAR000	O método do cartão de pontuação equilibrado é utilizado para			0.844
	07	aumentar os processos e a produtividade da empresa.			
	VAR000 11	É utilizado para obter feedback, aprender e ajustar a estratégia.			0.881
	F4	**Aferição de desempenhos (BM)**		**11.469**	
	VAR000 03	O benchmarking é uma ferramenta de melhoria do desempenho.			0.743
	VAR000 05	É utilizado para aprender com os erros			0.831
	VAR000 12	A ferramenta é utilizada para motivar as pessoas a tornarem-se líderes e não seguidores.			0.888
7	**Fator/ Variável**	**Cultura organizacional (CO)**	**Alfa = 0,941**		
	F1	**Activos da Organização (OA)**		**32.759**	
	VAR000 02	Os valores partilhados na organização têm uma forte influência sobre a forma como as pessoas se vestem na organização.			0.906
	VAR000 04	A longo prazo, a organização terá bons resultados financeiros.			0.875
	VAR000	A nova tecnologia aumentará a produção.			0.765

	05				
	F2	**Ferramentas e soluções tecnológicas (TTS)**		**19.309**	
	VAR00007	Os novos métodos serão adoptados para reduzir a fadiga dos trabalhadores.			0.839
	VAR00009	A cooperação entre as pessoas aumenta a cultura de trabalho na organização.			0.815
	F3	**Cooperação(CN)**		**12.751**	
	VAR00001	A longo prazo, a retenção será um ativo da organização.			0.584
	VAR00003	A empresa concentra-se nos resultados finais.			0.798
8	**Fator/ Variável**	**Gestão de recursos humanos (DRH)**	**Alfa 0,681**		
	F1	**Satisfação profissional (JS)**		**34.075**	
	VAR00002	A satisfação no trabalho aumentará a força de trabalho na organização.			0.919
	VAR00004	A satisfação profissional é, portanto, o resultado de várias atitudes de um trabalhador.			0.577
	VAR00006	O prémio irá definir o processo de reflexão de empregados.			0.862
	VAR00008	A motivação leva a reduzir os custos de fabrico através de novos métodos.			0.647
		Prémios e Motivação(AM)		**24.628**	
	VAR00001	A motivação leva a reduzir os custos de fabrico através de novos métodos.			0.710
	VAR00005	Os prémios levam à motivação dos funcionários para atingir o objetivo.			0.852
9	**Fator/ Variável**	**Manutenção (MT)**	**Alfa 0.743**		
	F1	**Manutenção de avarias (BM)**		**36.026**	
	VAR00003	A manutenção em caso de avaria aumentará o custo do material devido ao desperdício de material semi-pescado.			0.914
	VAR00005	O programa de manutenção preventiva ideal evitaria todas as falhas do equipamento antes de estas ocorrerem.			0.948
	F2	**Manutenção preventiva (PM)**		**27.643**	
	VAR00001	A manutenção deficiente reduzirá a produção.			0.861
	VAR00006	Aumentará a produtividade.			0.696
	VAR00008	Minimizará os custos de manutenção			0.735
	F3	**Manutenção corretiva (CM)**		**19.045**	
	VAR00002	A manutenção deficiente aumentará o custo de produção.			0.942
	VAR00004	A manutenção preventiva tem por objetivo evitar ou atenuar as consequências de uma avaria do equipamento			0.837
10	**Fator/ Variável**	**Empoderamento dos trabalhadores (EE)**	**Alfa** 0.647		

	F1	**Formação, confiança**			
	VAR000 02	A confiança aumentará a confiança entre o pessoal.		**34.075**	0.919
	VAR000 04	As funções e responsabilidades claramente definidas e frequentemente articuladas e o que é esperado.			0.577
	VAR000 06	É utilizado para incentivar a aprendizagem e desenvolvimento dos trabalhadores.			0.862
	VAR000 08	A solução inovadora pode ser desenvolvida para um problema não tradicional.			0.647
	F2			**24.628**	
	VAR000 01	O incentivo para melhorar, aprender e desenvolver os indivíduos.			0.710
	VAR000 05	A responsabilização dos trabalhadores é utilizada para obter o seu empenho em atingir o objetivo.			0.852
	VAR000 07	Os empregados influenciados a seguir a sua visão estratégica para a organização.			0.843
11	**Fator/ Variável**	**Estratégia de conhecimento (KS)**	**Alfa 0.693**		
	F1	**Decisão de aprovisionamento.**		**30.622**	
	VAR000 03	A seleção do fornecedor basear-se-á na melhor relação qualidade/preço para aumentar o lucro.			0.637
	VAR000 04	As capacidades futuras aumentarão a eficiência da organização.			0.847
	VAR000 05	Através dos desafios, as capacidades futuras podem ser aumentadas.			0.826
	VAR000 06	A capacidade futura do processo aumentará a produtividade da organização.			0.727
	F2	**Requisitos de capacidades futuras**		**20.885**	
	VAR000 02	Negociar e selecionar os fornecedores reduzirá o custo das matérias-primas			0.844
	VAR000 08	As competências são úteis para os supervisores.			0.797
	VAR000 09	O mapa de formação de competências irá aumentar o nível de proficiência na organização.			0.827
	F3	**mapeamento de competências**		**20.256**	
	VAR000 01	O processo de Sourcing Estratégico requer uma abordagem ou método organizado que permita a uma função da cadeia de abastecimento trabalhar sistematicamente em áreas ou processos de despesa que possam resultar em benefícios de poupança de custos.			0.898
	VAR000 07	Os trabalhadores podem aumentar o nível de eficiência através do mapeamento de competências			0.801
12	**Fator/ Variável**	**Ciclo de vida do produto (PLC**	**Alfa**		
			0.979		
	F1	**Crescimento**		**36.500**	

VAR000 01	Esta é a fase-chave para estabelecer a posição do produto no mercado.			0.704
VAR000 02	O crescimento do produto aumentará a concorrência.			0.789
F2	**Maturidade**		24.061	
VAR000 03	É utilizado para reduzir o custo do produto.			0.811
VAR000 05	Durante esta fase, a quota de mercado diminui.			0.783
F3	**Declínio**		18.987	
VAR000 07	Nesta fase, as vendas e os lucros diminuem.			0.544
VAR000 09	O custo de produção será mais barato.			

Resumo

O presente trabalho é realizado para compreender as questões de gestão do conhecimento e a sua importância na perspetiva das indústrias transformadoras indianas. O presente estudo prossegue sequencialmente, com o estudo das práticas de gestão do conhecimento nas indústrias transformadoras e das suas prioridades, seguido de investigações sobre as motivações da gestão do conhecimento utilizando várias abordagens de modelização.

Com base nos dados das indústrias transformadoras indianas, o presente estudo revelou uma estrutura de 12 factores validados para medir o nível de KM de qualquer organização e sugere pontos de melhoria. Todos os 12 factores foram validados com base em ferramentas e técnicas estatísticas comprovadas. As pontuações de fiabilidade (alfa) para as doze dimensões são 0,674, 0,834, 0,787, 0,874, 0784, 0,879, 0,941, 0,681, 0,743, 0,647, 0,693 e 0,979, respetivamente.

6. MODELAÇÃO ESTRUTURAL INTERPRETATIVA PARA KM

6.1 Introdução

Um dos objectivos deste capítulo é procurar as inter-relações entre os impulsionadores da gestão do conhecimento através da modelação estrutural interpretativa (MIE). Os impulsionadores das áreas de gestão do conhecimento são entrevistados e delineados na secção seguinte. A unidade de área de relações baseadas na filosofia é então estabelecida e é apresentado um modelo relativo para a gestão do conhecimento. A ligação entre os condutores é analisada adicionalmente com a ajuda da análise MICMAC. Por fim, são apresentadas as discussões e conclusões e algumas direcções para futuras unidades de análise.

6.2 Modelação estrutural interpretativa (ISM)

O ISM pode ser uma metodologia que pode ser aplicada a um sistema - como uma rede ou uma sociedade - para perceber melhor cada relação direta e indireta entre os elementos do sistema. O seu plano básico consiste em utilizar os conhecimentos e os dados sensíveis dos peritos para decompor um sistema sofisticado em muitos subsistemas e construir um modelo estrutural de construção. A filosofia pretende habitualmente oferecer uma compreensão elementar de coisas avançadas, mais adiante, ao longo de um curso de ação para encontrar um obstáculo (Singh *et al.*, 2008).

A Modelação Estrutural Interpretativa foi projectada pela primeira vez por J. Warfield em 1973 para investigar os sistemas de cenários avançados e para viver a inter-relação entre sub-critérios com muita simplicidade. Ravi e Shankar (2005) utilizaram a metodologia da Modelação Estrutural Interpretativa (MIE) para investigar a interação entre barreiras de fornecimento inverso nas indústrias automóveis. Kannan *et al.,* (2008) projectaram a filosofia associada à modelação do método de hierarquia analítica (AHP) como um modelo integrado que analisa e seleciona fornecedores inexperientes com base no seu desempenho ambiental.

6.2.1 Gestão do conhecimento (KM)

Tanto os académicos como os profissionais estão a concentrar-se na gestão de dados (Nonaka e Takechi, 1995; Davenport e Prusak, 1998, Hall e Paradice, 2005). O desafio mais internacional para desenvolver o crescimento da propriedade no negócio de uma empresa é geralmente sentido como as dificuldades em lidar com questões ou sistemas complicados para procurar a ligação ou o entrelaçamento da questão da variância sob o estudo e verificar a sua relação entre si. O estudo da gestão de dados é então vital em qualquer preocupação para o sucesso do crescimento e do lucro. A Gestão do Conhecimento consiste em dados obtidos e dados adquiridos. Existem quatro fases básicas de Gestão do Conhecimento através dos repositórios de dados durante os quais o conhecimento pode ser recuperado de forma simples, criação de dados, transferência de dados, armazenamento e partilha de dados e utilização eficaz dos activos de dados. (Davenport *et al.,* 1998).

6.2.2 Produtividade (PY)

A produtividade é considerada uma questão importante para o sucesso de cada atividade comercial (Hodgetts, 1998: Nachum, 1999). A atividade de produtividade tem sido um critério essencial para o desenvolvimento das indústrias produtoras. A análise efectuada por Manasserian (2005), Acur *et al.*, (2006) sublinha a produtividade, a importância do crescimento da propriedade e a luta das empresas produtoras. A análise mostra que a produtividade deve ser considerada como um fator chave para o desempenho das empresas. Sink *et al.,* (1989), Dixon *et al.*, (1990), Sumanth (1998), e Neely (2002) salientaram que a melhoria da produtividade produziria uma condição para o ganho e o crescimento.

6.2.3 Produção (P)

A produção de produtos pode ser um fator chave em qualquer organização para aumentar a rentabilidade. Do ponto de vista operacional, as tarefas relacionadas, como a conceção de combinações, as compras, a programação, o controlo interno e a unidade de área de controlo interno, são o espaço mais importante que afecta a gestão do conhecimento. Zaremba *et al.,* (2003) mencionam, através do quadro de ação de grupo, formas e técnicas associadas ao sistema inteligente de produção para aumentar a montagem.

6.2.4 Desenvolvimento dos recursos humanos (DRH)

Para o sucesso da organização, o ambiente de aprendizagem é vital para atingir objectivos de produção mais elevados. Por conseguinte, a criação de novos conhecimentos, o armazenamento, a coordenação dos conhecimentos existentes e a distribuição de dados desempenham um papel muito importante nas estratégias de aprendizagem. O desenvolvimento do conhecimento é aumentado por uma estrutura organizacional condutora para a transferência de conhecimento. (Pilbeam *et al*, 2006).

6.2.5 Tecnologia/Sistema de Informação (STI)

Nas indústrias transformadoras, os sistemas de informação estratégicos, o planeamento dos recursos empresariais, o planeamento das necessidades de produção, a introdução eletrónica de dados, o comércio eletrónico e as aquisições electrónicas desempenham um papel necessário para o bom fluxo de materiais. Reyes *et al.,* (2002) as combinações de KM e TI têm um bom impacto no sistema de fabrico e no sistema de inventário.

6.2.6 Conceção e engenharia (D&E)

O design e a engenharia desempenham um papel vital no acesso dos clientes ao produto no mercado, na venda e reparação da mercadoria, no produto certo no momento certo, satisfazendo assim a procura do cliente. A utilização do clique divide-se em 3 elementos, tais como o estilo do sistema, o estilo do produto e o estilo do método, Pemberton *et al.* (2002), Chandra *et al.*, (2003), Li (2005).

6.2.7 Cultura Organizacional (CO)

A gestão do conhecimento (KM) cria a partilha de dados, melhora a estrutura para a produtividade. Através de processos lineares métricos, os processos unitários contribuem para o desempenho da empresa, facilitando a potência individual dos empregados, financiando as competências essenciais da empresa, encurtando os tempos de desenvolvimento, reduzindo o tempo de ciclo de produção, melhorando a qualidade e processos cruciais completamente diferentes (Sabherwal *et al.*, 2005).

6.2.8 Distribuição (D)

O sistema de distribuição consiste na logística de terceiros, na gestão de armazéns, no transporte e no controlo de encomendas através de sistemas baseados. A gestão de armazém consiste no transporte, manuseamento de materiais, armazenamento e recolha de encomendas, bem como noutras soluções de controlo para os mercados de armazém e distribuição (Ta *et al.*, 2000).

6.2.9 Manutenção (MT)

A manutenção desempenha um papel vital na produtividade das indústrias transformadoras. A potência e a eficácia do sistema de manutenção desempenham um papel realmente vital no sucesso e na sobrevivência de uma organização. De acordo com Nakajima *et al* (1992), existem duas formas de manutenção da produção: planeada e não planeada. A manutenção planeada é geralmente classificada como manutenção preventiva e corretiva, enquanto a manutenção de avarias é considerada como não planeada. A manutenção preventiva é geralmente dividida em manutenção montada, manutenção e manutenção profética. O gestor de manutenção deve partilhar os dados de departamentos totalmente diferentes (Garg *et al.*, 2006).

6.2.10 Empoderamento dos trabalhadores (EE)

Os trabalhadores devem ter uma direção adequada para se motivarem e obterem um elevado desempenho através da realização de objectivos nas organizações. Argyris (1998) expressou que o comportamento dos trabalhadores e os objectivos de desempenho são definidos pela gestão da liderança, que acaba por encorajar o trabalhador a realizar a tarefa exigida, aumentando consequentemente o desempenho da organização.

6.2.11 Estratégia de conhecimento (KS)

A estratégia de conhecimento tem em consideração o facto de o workshop de formação poder ser realizado através da formação dos trabalhadores. A necessidade de uma estratégia de conhecimento surgiu durante as conferências de gestão, conferências para identificar os requisitos de capacidade actuais e futuros em cada disciplina. A equipa de análise trabalhou com os chefes de disciplina para desenvolver planos de capacidades através do mapeamento das capacidades, da procura de capacidades futuras (Kaplan *et al.*, 2006) e da chamada de fontes (Lepak *et al.*, 1999).

6.2.12 Ciclo de vida do produto (PLC)

Devido ao método de pensamento versátil do cliente e ao tipo de produto para satisfazer o cliente, o desenvolvimento de produtos mais recentes acaba por ser essencial para reduzir os ciclos de desenvolvimento do produto, aumentar o valor do desenvolvimento do produto e resolver problemas de qualidade. O desenvolvimento do produto consiste em captar, ilustrar, recuperar e reutilizar o conhecimento do produto. Este aspeto concentra-se na gestão do ciclo de vida do produto.

As fases básicas das etapas do ciclo de vida do produto são o desenvolvimento, a introdução, o crescimento, a maturidade e o declínio do produto para o desenvolvimento de novos produtos (Abaasi *et al,* 2012). O PLM, na sua essência, pode ser um método que apoia a captura, a organização e o reprocessamento do conhecimento ao longo do ciclo de vida da mercadoria e do produto (Ameri. *et al,* 2005).

6.3 Metodologia ISM

A Gestão do Conhecimento é amplamente utilizada nas indústrias produtoras para desenvolver o processo económico do comércio. Os dados corretos no tipo desejado são utilizados para se tornar uma organização próspera. Durante esta análise, a ligação entre os facilitadores conhecidos baseia-se no poder de condução e de dependência. A técnica de modelação estrutural informativa é aplicada para procurar a relação entre os factores estudados.

O objetivo deste estudo foi identificar e modelar os facilitadores de KM para a sua implementação próspera. Explorando este estudo, é possível lidar com os complexos relacionados com a gestão do conhecimento, distinguindo os factores que são utilizados em cada organização.

A gestão do conhecimento é amplamente utilizada nas indústrias produtoras para desenvolver o processo económico do comércio. A informação adequada sobre o tipo desejado é utilizada para se tornar uma organização de sucesso. Durante esta análise, a ligação entre os parâmetros conhecidos depende do fator de condução e de dependência. A técnica de modelação estrutural interpretativa é aplicada para procurar a relação entre os factores e as unidades da área em estudo.

O objetivo deste estudo foi identificar e modelar os factores que facilitam a gestão do conhecimento para a sua implementação bem sucedida. Através deste estudo, é possível lidar com a qualidade relacionada com a gestão do conhecimento, distinguindo os factores que são utilizados em cada organização.

A Modelação Estrutural Interpretativa (MIE) pode ser uma metodologia habituada a determinar a ligação entre coisas específicas, ou factores variáveis abaixo do estudo, que delineiam um retardador ou uma questão; foi absolutamente desenvolvida pela primeira vez na década de 1970 (Warfield, 1974; Sage, 1977). O ISM é entendido como um julgamento do cluster escolhido para o estúdio decidir se e como a unidade de área variável está ou não ligada. O ISM tem normalmente os passos seguintes (Ravi *et al.*, 2005) para analisar a interação entre as barreiras do fornecimento inverso na indústria automóvel.

- Etapa 1: - Os factores que se movem nas indústrias indianas de automóveis selecionadas perto de Chinchwad, unidade da área de Pune, são enumerados na nossa análise, tomámos os parâmetros de gestão de dados a implementar nas indústrias indianas de automóveis.

- Passo 2: - A partir dos parâmetros conhecidos no primeiro passo, a relação de discurso entre os factores com relevância que os pares de unidade de área variável examinados.

- Passo 3: - É desenvolvida uma Matriz de Auto-Interação Estrutural (SSIM) para os factores que indicam uma relação de paridade entre os factores do sistema em consideração.

- Passo 4: - Uma matriz de acessibilidade é desenvolvida a partir do SSIM e, assim, a matriz é verificada quanto à transitividade. A transitividade das relações discursivas é também um pressuposto criado na filosofia. Afirma que se a variável 1 é exposta à variável 2 e a variável 2 é exposta à variável 3, então a variável 1 está efetivamente relacionada com a variável 3.

- Etapa 5: - A matriz de acessibilidade obtida na etapa 4 é dividida em níveis totalmente diferentes.

- Passo 6: - Com base nas relações de revelação entre a matriz de acessibilidade, desenha-se um grafo direcionado e removem-se as ligações transitivas quadradas.

- Passo 7: - A ninhada resultante renasce para associar um modelo estrutural informativo com nós de variáveis de substituição com afirmações.
- Etapa 8: - Verificar a incoerência abstrata e introduzir as alterações necessárias no modelo filosófico.

Tabela 43: Parâmetros do estudo

N.º Sr.	Parâmetros
1	Gestão do conhecimento (KM)
2	Produtividade (PY)
3	Produção (P)
4	Desenvolvimento dos recursos humanos (DRH)
5	Sistema / Tecnologia da Informação (STI)
6	Conceção e engenharia (D&E)
7	Cultura Organizacional (CO)
8	Distribuição (D)
9	Manutenção (MT)
10	Empoderamento dos trabalhadores (EE)
11	Estratégia de conhecimento (KS)
12	Ciclo de vida do produto (PLC)

6.4 Matriz de Auto-Interação Estrutural (SSIM)

A metodologia ISM sugere a utilização de opiniões de peritos com base em técnicas de gestão como o brainstorming ou a discussão em grupo de personalidades eminentes das indústrias para desenvolver as relações contextuais entre a KM.

Foram utilizados quatro símbolos para indicar a direção da relação entre o parâmetro I e j. "i" é apresentado no eixo vertical e "j" é apresentado no eixo horizontal. V: o parâmetro i conduzirá ao fator de ativação j.

R: O parâmetro j conduzirá ao fator de ativação i.

X: os parâmetros i e j conduzem um ao outro.

O: os parâmetros i e j não têm qualquer relação.

Com base nas relações contextuais, o SSIM é desenvolvido para os 12 parâmetros identificados na gestão do conhecimento, tal como indicado no quadro seguinte.

6.4.1 Desenvolvimento da matriz de acessibilidade inicial:

A SSIM é transformada numa matriz binária, designada por matriz de acessibilidade inicial, substituindo V, A, X, O por 1 e 0, consoante o caso. Em seguida, verifica-se a sua transitividade. As regras básicas para a substituição de 1s e 0s são as seguintes

- Se a entrada (*i, j*) na SSIM for V, então a entrada (*i, j*) na matriz de acessibilidade torna-se 1 e a entrada (*j, i*) torna-se 0.

Entrada no SSIM	V
Entrada na matriz de acessibilidade (i, j)	1
Entrada na matriz de acessibilidade (j, i)	0

- Se a entrada (*i, j*) na SSIM for V, então a entrada (*i, j*) na matriz de acessibilidade torna-se 1 e a entrada (*j, i*) torna-se 0.

Entrada no SSIM	A
Entrada na matriz de acessibilidade (i, j)	O
Entrada na matriz de acessibilidade (j, i)	1

Se a entrada (*i, j*) na SSIM for V, então a entrada (*i, j*) na matriz de acessibilidade torna-se 1 e a entrada (*j, i*) torna-se 0.

Entrada no SSIM	X
Entrada na matriz de acessibilidade (i, j)	1
Entrada na matriz de acessibilidade (j, i)	1

Se a entrada (*i, j*) na SSIM for V, então a entrada (*i, j*) na matriz de acessibilidade torna-se 1 e a entrada (*j, i*) torna-se 0.

Entrada no SSIM	O
Entrada na matriz de acessibilidade (i, j)	0
Entrada na matriz de acessibilidade (j, i)	0

Algumas entradas da comparação entre pares e algumas entradas inferidas. Depois de incorporar o conceito de transitividade, conforme descrito anteriormente, obtém-se a matriz de acessibilidade final.

Tabela 44: Matriz Interseccional do Self Estrutural

		12	11	10	9	8	7	6	5	4	3	2	1
Sr No	parameters	PLC	KS	EE	MT	HRD	OC	D &E	ITS	D	P	PY	KM
1	Knowledge Management(KM)	v	V	v	V	v	V	V	V	v	V	V	x
2	Productivity(PY)	V	X	X	X	O	V	X	X	X	X	x	
3	Production(P)	X	A	X	X	V	X	X	x	V	x		
4	Distribution (D)	O	V	A	X	V	X	X	X	x			
5	Information Technology/systems(ITS)	X	X	V	O	X	V	X	x				
6	Design and Engineering(D& E)	V	X	V	V	V	A	x					
7	organization culture (OC)	O	X	X	A	A	x						
8	Human resource management (HRD)	X	X	X	O	x							
9	Maintenance(MT)	O	V	O	x								
10	Employee empowerment(EE)	V	V	x									
11	Knowledge Strategy (KS)	X	x										
12	Product life cycle (PLC)	x											

Tabela 45: Matriz de acessibilidade inicial

6.4.2 Desenvolvimento da Matriz de Acessibilidade Final

Tabela 46: Matriz de acessibilidade final

Factor	Reachability	Antecedent	Intersection	Level
1	1,2,3,4,5,6,7,8,9,10,11,12	1	1	VIII
2	2,5,6,7,8,10,11,12	1,2,3,5	2	vI
3	2,3,4,5,6,7,8,9,10,11	1,3	3	VII
4	2,4,5,6,8	1,2,3,4,5,6,7	4,6,7	IV
5	2,5,6,7,8,9,10,11,12	1,3,5	5	vI
6	6,7,9,10,12	1,2,3,4,5,6,7	6,7	IV
7	7,8,9,10,11	1,2,3,4,5,6,7	7	IV
8	8	1,2,3,4,5,6,7,8,9,10,11,12	8,12	I
9	2,9,10,11	1,2,3,4,5,6,7,9	9	III
10	10,11	1,2,3,4,5,6,7,8,9,10,11	10,11	II
11	11,12	1,2,3,4,5,6,7,8,9,10,11	11	II
12	12	1,2,3,4,5,6,7,8,9,10,11,12	12	I

6.5 Desenvolvimento do modelo ISM:

De acordo com o nível hierárquico, é possível obter um digrafo inicial que inclui ligações de transitividade. Existe uma relação entre os factores indicada por uma seta que representa a interligação de vários parâmetros.

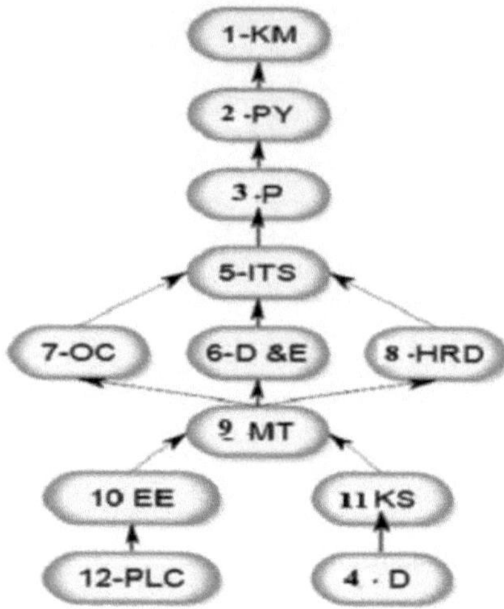

Figura 16: Diagrama dos factores críticos de sucesso

6.6 Modelo final do ISM para a gestão do conhecimento:

Com base no diagrama acima, foi encontrada a seguinte ligação. O diagrama mostra as relações entre si.

Figura 17: Modelo estrutural interpretativo

Os parâmetros com fraco poder de acionamento e fraca dependência não têm grande influência noutros factores. Factores como o ciclo de vida do produto, a distribuição, a capacitação dos trabalhadores e a estratégia de conhecimento (factores 12, 8, 10 e 11) são factores dependentes, uma vez que têm um fraco poder de condução, mas uma forte dependência. Por conseguinte, estes factores encontram-se na parte inferior. A cultura organizacional, a conceção e a engenharia e o desenvolvimento dos recursos humanos situam-se na parte intermédia. A produção, a produtividade e a gestão do conhecimento, que se encontram no nível superior, são os principais factores da organização.

6.7 Análise de Clusters para o Poder Condutor e Dependência

É efectuada uma análise de agrupamento da potência do condutor e da potência de dependência. A matriz de impactos cruzados-multiplicação aplicada à classificação é abreviada como MICMAC. O princípio MICMAC baseia-se nas propriedades de multiplicação das matrizes, segundo as quais se o fator 1 está relacionado com o fator 2, o fator 2 e o fator 3 estão relacionados, então os factores 1 e 3 estão relacionados. (Sharma *et al*, 1995),

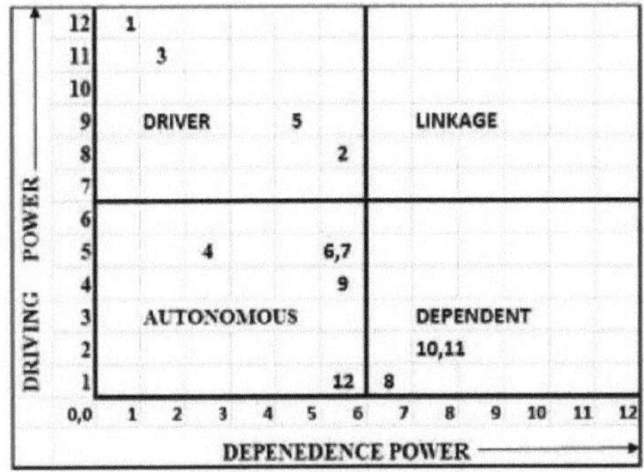

Figura 18: Poder de condução e dependência

Os quatro grupos para investigar os princípios de poder de condução e de dependência são certamente justificados, uma vez que, nesta análise, a gestão do conhecimento, os factores críticos de sucesso delineados anteriormente são descritos em quatro grupos, como mostra a figura 3. O primeiro grupo é constituído pelos "condutores autónomos" que têm um fraco poder de condução e uma fraca dependência. Estes condutores estão comparativamente desligados do sistema, pelo que necessitam apenas de uma ligação, que pode não ser robusta. Os "condutores dependentes" representam o segundo grupo, que tem um poder de condução fraco, mas um poder de dependência robusto. O terceiro grupo é constituído pelos "condutores de ligação", que têm um poder de acionamento robusto e uma dependência forte. Estes motores são uma unidade instável devido ao facto de qualquer alteração que lhes ocorra poder ter um impacto sobre os outros e, conjuntamente, um feedback sobre eles próprios. O quarto grupo inclui os "condutores" que têm um forte poder de direção, mas uma fraca dependência. A gestão deve refletir sobre o poder de condução elevado e a baixa dependência, como as tecnologias da informação, a produção, a produtividade e a gestão do conhecimento, para atingir uma maior produtividade nas empresas.

- Implicações autónomas (grupo I): Implicações sociais com fraco poder de acionamento e fraco poder de dependência, situando-se no primeiro quadrante, conforme indicado na Figura 6.3

- Implicações de ligação (cluster II): Estas implicações têm um forte poder de acionamento, bem como um forte poder de dependência, e situam-se no terceiro quadrante, tal como ilustrado na Figura 6.3

- Implicações dependentes (cluster III): Esta categoria inclui as implicações que têm um fraco poder de acionamento mas um forte poder de dependência e situa-se no segundo quadrante, como mostra a Figura 6.3

- Implicações independentes (cluster IV): Estas têm um forte poder de acionamento mas um fraco poder de dependência e situam-se no quarto quadrante, como mostra a Figura 6.3

7. RESULTADOS E DEBATE

O estudo identifica as classificações de prioridade dos 12 critérios e 128 subcritérios de implementação da gestão do conhecimento para as indústrias transformadoras indianas. Ao compreender a sua importância relativa, a gestão empresarial pode avaliar as suas práticas actuais e reafectar recursos e esforços a estes critérios e subcritérios para melhorar o seu desempenho em matéria de gestão empresarial.

O presente trabalho é realizado para compreender as questões de gestão do conhecimento e a sua importância na perspetiva da indústria transformadora indiana. O presente estudo prossegue sequencialmente, com o estudo das práticas de gestão do conhecimento nas indústrias transformadoras e das suas prioridades, seguido de investigações sobre as motivações da gestão do conhecimento utilizando várias abordagens de modelização.

Na Índia, os estudos sobre práticas de gestão do conhecimento nas indústrias transformadoras centraram-se principalmente em teorias para identificar critérios de práticas de gestão do conhecimento para diferentes sectores das indústrias. Contudo, para uma aplicação adequada das práticas de gestão empresarial nas indústrias transformadoras do sector automóvel, é essencial não só identificar os critérios de gestão empresarial, mas também desenvolver um roteiro de aplicação. Além disso, a avaliação do desempenho de um sector de produção individual com base em determinados critérios não dá uma ideia exacta da classificação do sector de produção individual nessa região. Por conseguinte, é necessário conceber um método de classificação que permita avaliar o desempenho de determinados sectores da indústria transformadora nessa região. No entanto, avaliar e comparar as práticas dos sectores transformadores de um grupo é uma tarefa complexa, uma vez que requer múltiplos critérios de medição de resultados que correspondam aos múltiplos objectivos de cada sector transformador. É necessária uma técnica que possa fornecer a informação correta e necessária aos decisores. Por conseguinte, neste trabalho de investigação, foi feita uma tentativa de fornecer um quadro para a implementação da gestão empresarial, que inclui um roteiro de práticas de gestão empresarial, dando prioridade a diferentes critérios e desenvolvendo uma metodologia através da qual o desempenho dos sectores de produção de um grupo pode ser avaliado e comparado. Esta metodologia foi desenvolvida para o sector da indústria automóvel, que é um dos sectores mais importantes não só em termos de crescimento, mas também pela sua contribuição para o desenvolvimento global.

- Com base nos dados das indústrias transformadoras indianas, o presente estudo revelou uma estrutura de 12 factores validados para medir o nível de KM de qualquer organização e sugere pontos de melhoria. Todos os 12 factores foram validados com base em ferramentas e técnicas estatísticas comprovadas. As pontuações de fiabilidade (alfa) para as treze dimensões são 0,674, 0,834, 0,787, 0,874, 0784, 0,879, 0,941, 0,681, 0,743, 0,647, 0,693 e 0,979, respetivamente.

A análise fatorial é um método de redução de dados. O método é utilizado para realizar uma análise fatorial é uma forma de análise exploratória multivariada que é utilizada para reduzir o número de variáveis num modelo. A análise fatorial é utilizada para determinar o número de factores a extrair. Os subfactores são os selecionados com os valores positivos da matriz de componentes rodados e são utilizados para a carga fatorial.

A partir do modelo ISM, concluímos que os níveis dos facilitadores são necessários para a compreensão da implementação próspera do clique. O apoio da gestão de topo/Liderança é a barreira mais importante, devido ao seu elevado poder de condução e baixa dependência entre todos os facilitadores de clique conhecidos. Esta hierarquia quantificada do clique, obtida a partir da abordagem integrada, pode facilitar aos gestores a sua superação, de acordo com o seu poder de direção e eficácia nos intervalos das indústrias produtoras. Este facilitador é colocado no nível mais baixo da hierarquia do sistema filosófico dos processos sistemáticos, é o nível mais simples do modelo baseado no ISM, graças ao seu elevado poder de dependência e ao seu baixo poder de acionamento. O diagrama de potência motriz e de dependência, tal como é apresentado, indica que não existem quaisquer factores impulsionadores e facilitadores de ligações nos intervalos do método de prosperidade para a implementação da gestão do conhecimento. A ausência de factores dinamizadores e de ligações ao longo deste estudo indica que todos os factores dinamizadores conhecidos influenciam o método de prosperidade da gestão do conhecimento.

8. CONCLUSÕES E RECOMENDAÇÕES

8.1 Introdução

Na Índia, os estudos sobre as práticas de gestão do conhecimento nas indústrias transformadoras centraram-se principalmente em teorias para identificar os critérios das práticas de gestão do conhecimento para diferentes sectores das indústrias. Contudo, para uma aplicação adequada das práticas de gestão empresarial nas indústrias transformadoras do sector automóvel, é essencial não só identificar os critérios de gestão empresarial, mas também desenvolver um roteiro de aplicação. Além disso, a avaliação do desempenho de um sector de produção individual com base em determinados critérios não dá uma ideia exacta da classificação do sector de produção individual nessa região. Por conseguinte, é necessário conceber um método de classificação que permita avaliar o desempenho de determinados sectores da indústria transformadora nessa região. No entanto, avaliar e comparar as práticas dos sectores transformadores de um grupo é uma tarefa complexa, uma vez que requer múltiplos critérios de medição de resultados que correspondam aos múltiplos objectivos de cada sector transformador. É necessária uma técnica que possa fornecer a informação correta e necessária aos decisores. Por conseguinte, neste trabalho de investigação, foi feita uma tentativa de fornecer um quadro para a implementação da gestão empresarial que inclui um roteiro de práticas de gestão empresarial, dando prioridade a diferentes critérios e desenvolvendo uma metodologia através da qual o desempenho dos sectores de produção de um grupo pode ser avaliado e comparado. Esta metodologia foi desenvolvida para o sector da indústria automóvel, que é um dos sectores mais importantes não só em termos de crescimento, mas também pela sua contribuição para o desenvolvimento global.

8.2 Resumo do trabalho efectuado

A presente investigação começou com a identificação de lacunas na literatura e as entrevistas exploratórias dos peritos também confirmaram a existência de lacunas claras na explicação das práticas de KM em Pimpri-Chinchwad, na região de Pune. Os pontos seguintes são detalhados em etapas com explicações sobre o trabalho de investigação.

- Foram analisados mais de 150 artigos internacionais.
- Foi realizada uma entrevista com profissionais que ajudaram a selecionar os sectores de fabrico de automóveis na região de Pune.
- Identificação de lacunas/objectivos.
- Identificação inicial das dimensões e variáveis.

- Uma lista refinada de dimensões e variáveis para medir as práticas de gestão empresarial no contexto indiano para conceber um questionário com a ajuda de 20 peritos.
- Identificação de critérios de práticas de gestão empresarial que consistem em 12 critérios principais e 128 subcritérios para as indústrias transformadoras no cenário indiano.
- Os dados foram recolhidos nas indústrias de fabrico de automóveis de Pimpri-Chinchwad, na região de Pune. Foram recolhidos 190 questionários completamente preenchidos.
- O software SPSS 16.0 foi utilizado para realizar a análise fatorial. Os factores são determinados a partir de cada critério.
- Foram definidos os factores determinantes e as dependências entre os critérios identificados, o que ajuda a analisar a sua inter-relação utilizando a metodologia ISM.

8.3 Contribuições significativas da investigação

Os principais resultados obtidos com a investigação foram orientados para a compreensão das questões relacionadas com as práticas de gestão do conhecimento nas indústrias de fabrico de automóveis da seguinte forma

- A investigação identificou claramente as lacunas de investigação e correlacionou-as com as questões de investigação e os problemas a investigar.
- É apresentada uma análise exaustiva da literatura sobre a compreensão recente das práticas de gestão do conhecimento nas indústrias transformadoras de Pimpri-Chinchwad, Pune.
- A investigação justificou a utilização da análise de factores para estabelecer ligações entre os vários motores das práticas de gestão empresarial.
- A investigação justificou a utilização da investigação exploratória - baseada numa utilização integrada da análise fatorial, a Modelação Estrutural Interpretativa (MIE).
- Um modelo ISM para a implementação de um roteiro de práticas de KM para as indústrias transformadoras.
- No total, esta investigação adoptou abordagens qualitativas e quantitativas para investigar as questões em apreço. A investigação desenvolveu uma metodologia para permitir práticas eficazes de gestão do conhecimento e planeamento nas indústrias transformadoras.

8.4 Implicações da investigação

Tendo principalmente em vista as indústrias indianas, os gestores em exercício, as agências governamentais e o meio académico, são delineadas as seguintes implicações e benefícios da investigação.

- Os resultados podem ajudar os responsáveis governamentais que precisam de ter acções mais direcionadas ao formularem políticas para as indústrias de fabrico de automóveis.

- Os factos descobertos por este estudo são úteis para os líderes da indústria avaliarem o impacto de várias melhorias/alterações no que diz respeito ao contexto da prática de KM.

- Esta investigação beneficiará especificamente os investigadores contemporâneos, na medida em que tentou captar dimensões selecionadas no âmbito da ampla categoria dos treze critérios enquanto actores e, por conseguinte, poderão ser envidados mais esforços de investigação para reproduzir o estudo noutro contexto.

- Os resultados da investigação sobre as práticas de gestão do conhecimento nas indústrias transformadoras podem ser benéficos para as indústrias do sector automóvel, a fim de aumentar a produtividade.

8.5 Recomendações

Este trabalho centra-se principalmente na abordagem baseada nas práticas de gestão do conhecimento para melhorar as práticas de produtividade de um sector de produção selecionado, ou seja, o sector da indústria automóvel, com relevância específica para o ambiente indiano. A abordagem é bastante geral e pode ser aplicada a qualquer indústria transformadora específica. Com base nos resultados do trabalho de investigação, podem ser feitas as seguintes recomendações.

- Os resultados desta investigação fornecerão um roteiro para as indústrias transformadoras da região de Pune, para compreenderem a importância da gestão do conhecimento e das práticas de gestão do conhecimento, tendo em conta o ambiente e o impacto futuro nas empresas.

- A investigação classificou categoricamente os parâmetros de gestão empresarial que poderiam constituir um trampolim para o planeamento, a execução e a aplicação de práticas de gestão empresarial na região da Índia Central.

- Esta investigação será altamente benéfica para as indústrias transformadoras da Índia central, devido à adaptação dos princípios e práticas de gestão do conhecimento ao contexto indiano e também à consulta prévia dos gestores de topo das unidades transformadoras da região central da Índia.

- As indústrias transformadoras de grande escala podem transformar a sua atividade, através da implementação e do desenvolvimento de medidas, mediante uma análise crítica do modelo e dos critérios de gestão do conhecimento desenvolvidos na investigação.

- Para as indústrias transformadoras de pequena escala, este estudo pode constituir uma importante fonte de informação sobre a gestão do conhecimento e as práticas de gestão do conhecimento, que pode ser associada ao seu plano de expansão num futuro próximo.

- A informação e o modelo desenvolvidos na investigação constituirão uma fonte de motivação para os investigadores, as indústrias e o governo tomarem iniciativas na implementação de práticas de gestão empresarial e de gestão do conhecimento.

- As indústrias que pretendem implementar a prática de KM podem adotar 12 critérios e 128 subcritérios identificados no trabalho de investigação, de modo a desenvolver os objectivos e as estratégias.

- O roteiro para a aplicação das práticas de gestão empresarial sugerido no trabalho de investigação pode ser utilizado pelo fabricante para compreender e aplicar os critérios de gestão empresarial de forma sequencial nas suas indústrias.

8.6 Limitações e âmbito para trabalhos futuros

As seguintes limitações desta investigação merecem ser mencionadas.

- Embora tenha sido realizado um inquérito transversal sobre práticas nas indústrias transformadoras com uma taxa de resposta estatisticamente significativa, não é suficiente para generalizar os resultados num país vasto como a Índia.

- A investigação é limitada ao cenário indiano; podem ser realizados estudos noutros países para comparar os resultados obtidos.

- Apesar de ter sido contactado um número considerável de peritos de diversas áreas, é possível que as ideias de mais alguns peritos pudessem ter dado origem a um quadro diferente.

- Tendo em conta as limitações do estudo, podem ser realizados trabalhos futuros para as ultrapassar. Alguns dos domínios em que se pode realizar mais investigação são os seguintes

- Os critérios e subcritérios de aplicação das práticas de gestão empresarial utilizados na investigação são específicos das indústrias transformadoras. Com ajustamentos marginais, podem ser tornados genéricos, podendo depois ser utilizados para aumentar a produtividade também noutras indústrias transformadoras.

- Apesar de a metodologia de investigação desenvolvida se destinar às práticas de Gestão do Conhecimento nas indústrias transformadoras, é possível fazer algumas generalizações dos resultados. As indústrias de fertilizantes, química, mineira e de curtumes, de plásticos, de eletrónica e equipamentos eléctricos, de vidro e fibras e outros sectores da indústria transformadora podem desenvolver investigação em moldes semelhantes.

8.7 Observações finais

Esta investigação centra-se principalmente em abordagens baseadas na gestão do conhecimento para melhorar a produtividade das indústrias transformadoras com relevância específica para o ambiente indiano. O trabalho identifica os critérios e subcritérios de aplicação das práticas de gestão do conhecimento e estabelece uma hierarquia de acções para a sua aplicação. Por último, este estudo sugeriu uma série de implicações e orientações para os decisores políticos e os gestores envolvidos na gestão do sector transformador. Assim, as conclusões deste estudo podem ser consideradas como um passo em frente para a realização de práticas de gestão empresarial no sector da indústria transformadora na Índia Central e na Índia Pan.

REFERÊNCIAS

[1] Abaasi M.R e Zamanian A.R., (2012) "A análise do papel da gestão do conhecimento no ciclo de vida do produto (PLC) de organizações comerciais no mercado-alvo, estudo de caso: Pishraneh Productive-Commercial Company (Electrical And Electronically Industry- Mazandaran Province)", International Journal of Academic Research in Business and Social Sciences, Vol 2, No 7,pp.31 -50.

[2] Acur, N., Gertsen, Sun,H. and frick,J.(2006), "The formalization of manufacturing strategy and its influence on the relationship between competitive objectives, improvement goals and action plans", International journal of Operation & Production Management, Vol.23 No.10,1114-41.

[3] Alavi, M. (2001), "Review: Knowledge Management and Knowledge Management Systems: Conceptual Foundations and Research Issues", MIS Quarterly, 25, pp.107-115.

[4] Al-Mabrouk, K. (2006)," Critical success factors affecting knowledge management adoption: A review of the literature", IEEE, pp.1-6.

[5] Abell, A. e Oxbrow, N. (1999), "People who make knowledge management work: CKO, CKT, or KT?", em Liebowitz, J. (Ed.), Knowledge Management Handbook, CRC Press, Boca Raton, FL

[6] Al-Busaidi, K.A. & Olfman, L. (2005). An Investigation of the Determinants of Knowledge Management Systems Success in Omani Organizations (Uma Investigação dos Determinantes do Sucesso dos Sistemas de Gestão do Conhecimento nas Organizações de Omã). Journal of Global Information Technology Management, 8(3), pp. 6-27.

[7] Al-Busaidi, Kamla Ali; Olfman, Lorne; Ryan, Terry; e Leroy, Gondy, (2007) "Revealing the Antecedents and Benefits of KMS Use: An Exploratory Study in a Petroleum Company in Oman" (2007).ICDSS 2007 Proceedings.

[8] AL-MABROUK, K. (2006)," Critical success factors affecting knowledge management adoption: A review of the literature", IEEE, pp. 1-6.

[9] Al-Marri, K., Ahmed, A.M.M.B. e Zairi, M. (2007). Excelência no serviço: um estudo empírico

estudo do sector bancário dos EAU. International Journal of Quality & Reliability Management, Vol. 24 No. 2, pp. 164-76.

[10] Arbuckle, J., e Friendly, M. (1977), "On rotating to smooth functions", Psychometrika, Vol.42, pp.127-140.

[11] Argyris, C. (1998), "Empowerment: the emperor's new clothes", Harvard Business Review, Vol. 76 No. 3, pp. 98-105.

[12] Arlbjorn, J.S. e Halldorsson, A., (2002), "Logistics knowledge creation: reflections on content, context and processes", Int. J. Phys. Distrib. Logist. Mgmt., 32(1), pp. 22-40.

[13] B. Choi, H. Lee, (2002)," Knowledge management strategy and its link to knowledge creation

process," Expert Systems with Applications, 23, pp. 173-187

[14] Bagozzi, R.P. (1980), "Causal Models in Marketing", John Wiley and Sons, Nova Iorque, NY.

[15] Bandalos, D.L. e Boehm-Kaufman, M.R. (2008), "Four common misconceptions in exploratory fator analysis", In Lance, Charles E.; Vandenberg, Robert J. Statistical and Methodological Myths and Urban Legends: Doctrine, Verity and Fable in the Organizational and Social Sciences. Taylor and Francis, pp61-68.

[16] Baron, J.N. e Kreps, D.M. (1999). Strategic Human Resources: Frameworks for General Managers, Wiley, Nova Iorque, NY.

[17] Bartol, K. M., & Srivastava, A. (2002). Encorajar a partilha de conhecimentos: The role of organizational rewards systems. Journal of Leadership and Organization Studies, 9(1), 64-76.

[18] Becerra-Fernandez, I., Gonzalez, A, & Sabherwal, R. (2004). Gestão do conhecimento: Challenges, solutions, and technologies. Upper Saddle River, N.J.: Pearson Prentice Hall.

[19] Benyard, H.R. (2000), "Social Research Methods: Qualitative and Quantitative Approaches", Sage Publications, Thousand Oaks.

[20] Bolormaa Demchig (2015)," Knowledge management capability level assessment of the higher education institutions: Case study from Mongolia." Procedia - Social and Behavioral Sciences 174, pp. 3633 - 3640.

[21] Borges Tiago, M.T., Couto, J.P., Vieira, J.C. e Tiago, F. (2007), Virtual CRM and Ebusiness performance, in proceedings of International Congress 'Marketing Trends', Paris, http://www.escpeap.eu/conferences/marketing/2007_cp/HTML/pages/paper_lista.htm

[22] Bose, S.e Thomas, K, (2007), "Applying the balanced scorecard for better performance of intellectual capital", Journal of Intellectual Capital Vol. 8 No. 4, pp. 653-665.

[23] Brelade, S. e Harman, C. (2000), "Using human resources to put knowledge to work", Knowledge Management Review, Vol. 3 No. 1, pp. 26-9.

[24] Brogden, H. E. (1971), "Further comments on the interpretation of factors", Psychological Bulletin Vol.75, pp.362-363.

[25] Buyukozkan.G, (2204), "An organizational information network for corporate responsiveness and enhanced performance", Journal of Manufacturing technology Management, 15(4), pp 405-424.

[26] Byrd, T. A., e Davidson, N. W. (2003), "Examining possible antecedents of IT impact on the supply chain and its effect on firm performance", Information and Management, Vol.41, No.2, pp.243-255.

[27] Camp, R.C. (1995), Business Process Benchmarking, Milwaukee, WI, ASQC, Quality press.

[28] Carmines, E.G., Zeller, R.A., 1979. Reliability and Validity Assessment (Avaliação da fiabilidade

e da validade). Sage Publications, Thousand Oaks, CA, p. 51.

[29] Carroll, J. B. (1953), "An analytical solution for approximating simple structure in fator analysis Psychometrika, Vol. 18, No.23, pp.661-697.

[30] Cascini, G. e Rissone, P., (2004)," Plastics design: integrating TRIZ creativity and semantic knowledge portals", J. Engg. Desi. 15(4), pp. 405-424.

[31] Cattell, R. B. (1958), "Extracting the corret number of factors in fator analysis", Educational Researcher, Vol.18, pp.791-838.

[32] Chandra, C.e Kamarani, A.K., (2003), "Knowledge management for customer focused product design", J. Intell. Manuf., 14(6), pp.557-580.

[33] Chase, R.B. & Aquilano, N.J. (1992). Production and operations management, 6th ed. Homewood, IL: Irwin.

[34] Chen. Y.H., and Chao T.S (2006)," A Kano-CKM Model for Customer Knowledge Discovery," Total Quality Management, Vol. 17, No. 5, pp. 589-608.

[35] Chow, H.K.H, Choya, K.L., Lee, W.B., Chanb, F.T.S. (2005), "Design of a knowledge-based logistics strategy system", Expert Systems with Applications 29, pp. 272-290.

[36] Chong, C.W. e Yeganesh, M, (2013), "The Influence of Information Technology on the Knowledge Management Process", Journal of Knowledge Management Practice, Vol. 14, No. 1, 2013.

[37] Cooke, R.A, e Rousseau. M.(1998), "Behavioral Norms and Expectations: A quantitative approach to the assessment of organizational culture", Group & Organization Studies, Vol. 13

N.º 3, setembro de 1988, pp.245-273

[38] Cooke, R.A. e Rousseau, D.M. (2000), "Behavioural norms and expectations: A quantitative approach to the assessment culture", Group and Organization studies,13, pp.245272.

[39] Chua A. (2004). Arquitetura dos sistemas de gestão do conhecimento: Uma ponte entre os consultores e as tecnologias de gestão do conhecimento. Revista Internacional de Gestão da Informação, 24, pp.87-98

[40] Cliff, N., e Pennell, R. (1967), "The influence of communality, fator strength, and loading size on the sampling characteristics of fator loadings", Psychometrika, Vol. 32, pp.309-326.

[41] Conger, Jay A, e Rabindra N. Kanungo (1988), "The Empowerment process: Integrating Theory and Practice", Academy of Management Review, 13(3), pp.471-482.

[42] Crawford, C. B. (1975), "Determining the number of interpretable factors", Psychological Bulletin, Vol.82, pp.226-237.

[43] Cronbach, L. J. (1951), "Coefficient alpha and the internal structure of tests", Psychometrika, Vol. 16 No. 3, setembro, pp. 297-334.

[44] Curley, K. (1998), The Role of Technology, Knowledge Management: A Real Business Guide, Caspian Publishing Ltd., Londres

[45] Davenport, S.S.e Klahr, P (1998), ".Managing customer support knowledge", Calif. Mgmt. Rew, 3(3), pp.197-208.

[46] Davenport, T.H. e Prusak, L. (1998), Working Knowledge: How Organizations Manage what they Know, Harvard Business School Press, Boston. MA.

[47] Davenport, T.H., & Prusak, L. (2000) Working knowledge: How organizations manage what they know. Boston, Harvard Business School Press.

[48] Davison, M. L. (1985). Escalonamento multidimensional versus análise de componentes de correlações entre testes. Psychological Bulletin, Vol.97, pp.94-107.

[49] Davis, D. L. & Davis, D. F. (1990)," The effect of training techniques and personal characteristics on training end users of information systems", Journal of Management Information Systems, pp. 93-ll0.

[50] Davis, F., J.R. (1989)," Perceived Usefulness, Perceived Ease of Use, and User Acceptance of Information Technology. MIS quarterly, 13, pp.319-340

[51] Davis, F.D. e V. Venkatesh. (1996)," A critical assessment of potential measurement biases in the technology acceptance model: three experiments. International Journal HumanComputer Studies, Vol. 45, pp.19-45.

[52] Delery, J. E., e Doty, D. H. (1996), -Modes of theorizing in strategic human resource management: Tests of universalistic, contingency, and configurational performance predictions!, Academy of Management Journal, Vol.39, No.4, pp. 802-835.

[53] Denise Lustri, Irene Miura, Sergio Takahashi, (2007) "Modelo de gestão do conhecimento: aplicação prática para o desenvolvimento de competências", The Learning Organization, Vol. 14 Issue: 2, pp.186 - 202.

[54] Dewangan .D.K, Agrawal.R, Sharma. (2015)," Enablers for Competitiveness of Indian Manufacturing Setor: An ISM-Fuzzy MICMAC Analysis", XVIII Conferência Internacional Anual da Sociedade de Gestão das Operações (SOM-14), pp.416-432.

[55] "Divorski, S., & Scheirer, M. A. (2001). Melhorar a qualidade dos dados para as medidas de desempenho: Results from a GAO study of verification and validation. Evaluation and Program Planning, 24, pp. 83-94."

[56] Dixon, J., Nanni, A. e Volman, T. (1990), "The new Performance Challenge: Measuring operations for World Class Competition", Business One Irwin, Homewood, IL.

[57] Froza, C. (2002), "Survey research in operations management: a process based perspective", International Journal of operations & production Management, 22(2), pp.5-24.

[58] Gaal, Z, Szabo, L, Obermayer-Kovacs, N e Csepregi e A., (2012), "Middle Managers' Maturity of

Knowledge Sharing: Investigation of Middle Managers Working at Medium- and Large-sized Enterprises" The Electronic Journal of Knowledge Management Volume 10, Issue 1, pp.26-38.

[59] Garg, A, e Deshmukh, S.G. (2006), "Applications and case studies Maintenance management: literature review and diretions", Journal of Quality in Maintenance Engineering Vol. 12 No. 3, QS pp. 205-238.

[60] "Garg, A. e Deshmukh, S.G. (2006)""Maintenance management: literature review and diretions," Journal of Quality in Maintenance Engineering, 12(3): 205-238.

[61] Ghobadi, S., & D.Ambra, J. (2013)," Modeling High-Quality Knowledge Sharing in crossfunctional software development teams," Information Processing and Management (49), pp.138-157.

[62] Gibson, W. A. (1963), "Factoring the circumflex", Psychometrika, Vol. 28, No. 87-92.

[63] Goh, S.C. (2002), "Managing effective knowledge transfer: an integrative framework and some practice implications", Journal of Knowledge Management, Vol. 6 No. 1, pp. 23-30.

[64] Gorsuch, R. L. (1988), "Exploratory fator analysis. Em J. R. Nesselroade e R. B. Cattell, (Eds.), Handbook of multivariate experimental psychology (2ª ed., pp. 231-258). Nova Iorque, NY, EUA: Plenum Press.

[65] Gupta, B., L.S.Iyer e J.E.Aronson (2000), "Knowledge Management: practices and challenges", Industrial Management & Data System100 (1), pp.17-21.

[66] Guttman, L. (1957), "Simple proofs of relations between communality problem and multiple correlation Psychometrika, vol.22, pp.147-157.

[67] Hair, J.F, Anderson, R.E., Tatham, R.L., Black, W.C., (1998), "Multivariate Data Analysis", quinta ed. Upper saddle river, Printice-Hall.

[68] Hakstian, A. R., e Muller, V. J. (1973), "Some notes on the number of factors problem", multivariate Behavioural Research, Arbuckle, J., e Friendly, M. (1977), "On rotating to smooth functions", Psychometrika, Vol.8, pp.461-475.

[69] Hargadon, A.B. (1998) "Firms as knowledge brokers: lessons in pursuing continuous innovation". California Management Review, 40(3), 209-227.

[70] Harris, C. W. (1971), "On Brogden's interpretation of factors", Psychological Bulletin, Vol. 75, pp.360-361.

[71] Heavin, C e Adam, F., (2012), "Characterizing the Knowledge Approach of a Firm: An Investigation of Knowledge Activities in Five Software SMEs" The Electronic Journal of Knowledge Management Volume 10 Issue 1, pp.48-63.

[72] Hendrickson, A. E., e White, P. O. (1964), "Promax a quick method for rotation to oblique simple structure", British Journal of Statistical Psychology, Vol. 17, pp. 65-70.

[73] Hodgetts. (1998), Measures of Quality and High performance, AMACOM, Nova Iorque, NY.

[74] Hoehn, W. (2003), "Managing organizational performance: linking the balanced scored to a process improvement technique", Actas do 4º Simpósio Internacional Anual em Engenharia Industrial sobre Gestão Baseada no Desempenho, Universidade de Kasetsart, Banguecoque, Tailândia, pp. 1-12.

[75] Homburg, C. e Pflesser, C. (2000), "A multiple-layer model of market-oriented cultura organizacional: questões de medição e resultados de desempenho", Journal of Marketing Research, Vol. 37, novembro, pp. 449-62.

[76] Horn, J. L. (1965), "A rational and test for the number of factors in fator analysis" Psychometrika, Vol. 30, pp. 179-185.

[77] Huber, G.P. (1991), "Organizational learning: The contributing processes and literatures", Organizational Science, Forthcoming.

[78] Jafari M., Akhavan.P, Bourouni A., Hesam Amiri.R. (2009)," A framework for the selection of knowledge mapping techniques," Journal of Knowledge Management Practice, Vol. 10, No.1. , pp 1-8.

[79] Jaworski, B.J. e Kohli, A.K. (1993), "Market-orientation: antecedents and consequences", Journal of Marketing, Vol. 57, julho, pp. 53-70.

[80] Jennex, M & Olfman, L. (2006), "A model of knowledge management Success", International Journal of knowledge management 2(3), pp. 51-68.

[81] Jennex, M. e Croasdell, D. T. (2007), Introdução à Trilha de Sistemas de Gestão do Conhecimento, In: HICSS 2007 - 40th Hawaii International Conference on Systems Science, 36 de janeiro, 2007, Waikoloa, Big Island, HI, USA. pp. 181

[82] Jennex, M. E., Smolnik, S. & Croasdell, D. (2008), "Towards measuring knowledge management success", IEEE, pp. 360-360.

[83] Joreskog, K. G. (1980), "Structural analysis of covariance and correlation matrices", Psychometrika, Vol.43, pp 443-477.

[84] Juran, J.M. (1986). The quality trilogy: a universal approach to managing for quality, Quality Progress, Vol.19, pp. 19- 24.

[85] Kaiser, H. F. (1958), "The Varimax criterion for analytic rotation in fator analysis", Psychometrika, Vol. 23, pp. 187-200.

[86] Kalkan V.D. (2008)," An overall view of knowledge management challenges for global business," Business Process Management Journal, Vol. 14 No. 3, pp. 390-400

[87] Kannan, G, Haq, A. N, Kumar, P.S, e Arunachalam, S. (2008), "Analysis and selection of green suppliers using interpretative structural modeling and analytic hierarchy process", International Journal of Management and Decision Making, Vol. 9 No. 2, pp. 163-82.

[88] Kankanhalli, A., Tanudidjaja, F., Sutanto, J. & Tan, B. C. Y. (2003)," The role of IT in successful knowledge management initiatives", Communications of the ACM, 46, pp.69-73

[89] Kaplan, R.S. e Norton, D.P. (2006), Alignment: Using the Balanced Scorecard to Create Corporate Strategies, Harvard Business School Press, MA'

[90] Karayel, D., Ozan, S.S.e Keles, R., (2004), "General framework for distributed knowledge management in mechatronics system", J. Intell. Manuf., 15(5), pp.511-515.

[91] Karlof B, Ostbloni S 1993 Benchmarking: A Signpost to excellence in Quality and Productivity, John Wiley and Sons, Chichcstcr.

[92] Khalifa, Z.A., Jamaluddin, M.Y. (2012) 'Key Success Factors affecting Knowledge Management Implementation in Construction Industry in Libya', Australian Journal of Basic and Applied Sciences, vol. 6, no. 5, pp. 161-164

[93] King, W. (2007), A research agenda for the relationships between culture and knowledge management, Journal of Knowledge and Process Management, Vol. 14, Issue 3, pp. 226 - 236.

[94] Khalifa Z.A., Jamaluddin M.Y. (2012)," Key Success Factors affecting Knowledge Management Implementation in Construction Industry in Libya," Australian Journal of Basic and Applied Sciences, 6(5): pp.161-164.

[95] Khanlizadeh, R. Kordnaich, Asadollahh. Qani, A. Asgharomshki, A. (2010). A relação entre empowerment e aprendizagem organizacional (Estudo de Caso de Instituição de Ensino), uma investigação em gestão da mudança, segundo ano, n.º 3, primeiro semestre. Página, pp. 43-20.

[96] Koivuaho, M e Laihonen, H., (2006), "A Complexity Theory Approach to Knowledge Management - Towards a Better Understanding of Communication and Knowledge Flows in Software Development" The Electronic Journal of Knowledge Management Volume 4 Issue 1, pp 49-58.

[97] Kothari, C.R. (2002), "Research Methodology- Methods and Techniques New Delhi, Wiley Eastern Limited.

[98] KordValouei,H., Vakili,Y., e Moradi1,M.(2014),""A Survey on the Relationship between Knowledge Sharing and Organizational Performance (Case Study: Bandarabas

Município), Arth Prabandh: A Journal of Economics and Management Vol. 3 Issue 6 June 2014, ISSN 2278-0629 , pp. 147-156 "

[99] Kridan, A B and Goulding, J S (2006) Assessing the role of knowledge management processes in implementing a knowledge management system: an application of the capability maturity model to the Libyan banking sector. In: Boyd, D (Ed) Procs 22nd Annual ARCOM Conference, 4-6 September 2006, Birmingham, UK, Association of Researchers in Construction Management, 991-1002.

[100] Kulkarni, U. & Freeze, R. (2004). Desenvolvimento e validação de um modelo de avaliação das capacidades de gestão do conhecimento. Twenty-Fifth International Conference on Information Systems

(pp. 647-670). Disponível em: http://pdf.aminer.org/000/326/698/development_and_validation_of_a_knowledge_manageme nt_capability_assessment_model.pdf.

[101] Kumar, Ranjit, (2005), "Research Methodology-A Step-by-Step Guide for Beginners, (2nd.ed), Singapura, Pearson Education.

[102] Lai, M.F .e Lee, G. (2007), "Relationships of organizational culture toward knowledge activities", Business Process Management Journal, Vol. 13 Issue: 2, pp.306 - 322.

[103] Lawley, D. N. (1956), "Tests of significance for the latent roots of covariance and correlation matrices Biometrika, Vol.43, pp.128-136.

[104] Lehner, F e Haas, N. (2010), "Knowledge Management Success Factors - Proposal of an Empirical Research" Electronic Journal of Knowledge Management Volume 8 Issue 1, pp.79 - 90.

[105] Lepak, D. e Snell, S. (1999), "The human resource architecture: toward a theory of human capital allocation and development", The Academy of Management Review, Vol. 24 No. 1, pp. 31-48

[106] Li, L., (2005), "Assessing intermediate infrastructural manufacturing design that affect a firm's market performance", Int.J.Prod.Res, 43(12), pp.2537-2551.

[107] Liebowitz, J. (1999)," Knowledge Management Handbook", Londres, Boca Raton, Fla; Londres: CRC Press.

[108] Liebowitz, J. & Megbolugbe, I. (2003)," A set of frameworks to aid the project manager in conceptualizing and implementing knowledge management initiatives." International Journal of Project Management, 21, pp.189-198.

[109] Ling. Y. H ,(2012), "A Study on the Influence of Intellectual Capital and Intellectual Capital Complementarity on Global Initiatives "The Electronic Journal of Knowledge Management

Volume 10, Número 2, pp.154-162.

[110] Litwin, M. S. (1995), "How to Measure Survey Reliability and Validity", Sage Publications, Thousand Okas.

[111] Lutfu, S. (2010), "Information technologies and material requirement planning (MRP) in supply chain management (SCM) as a basis for a new model", Bulgarian Journal of Science and Education Policy (BJSEP), Volume 4, Número 2, pp.236-247.

[112] M. Reza Mehregan, Mona Jamporazmey, Mahnaz Hosseinzadeh, Aliyeh Kazemi,(2012), "Uma abordagem integrada dos factores críticos de sucesso (FCS) e da análise relacional cinzenta para classificar os sistemas de gestão do conhecimento", Conferência Internacional sobre Liderança, Tecnologia e Gestão da Inovação, Procedia - Ciências Sociais e Comportamentais 41,pp. 402 - 409.

[113] M. W. Yip, A. H. H. Ng., D. H. C. Lau,(2012)," Employee Participation: Fator de sucesso da gestão do conhecimento", International Journal of Information and Education Technology, Vol. 2, No.

3,pp.262-263.

[114] McDaniel, E., Young, R.E., Vesterager, J., Bergsson, K., Jensen, S. e Tvedt, E., (1991)," Document driven management of knowledge and technology transfer: Denmark's CIM/GEMS project in computer-integrated manufacturing", IEEE Trans. Prof. Commun., 34(2), pp. 83-93.

[115] Martensson, M. (2000)," A critical review of knowledge management as a management tool", Journal of Knowledge Management, 4(3), 204-216.

[116] Manasserian, T. (2005), "New realities in global markets and Thailand's economy today", disponível em: http://webh01.ua.ac.be/cas/PDF/CAS48.pdf (acedido em 2 de abril de 2007).

[117] Mei, S. e Nie, M. (2008), "An empirical investigation into the impact of firm's capabilities on competitiveness and performance", International Journal of Management and Enterprise Development, Vol. 5 No. 5, pp. 574-89.

[118] Miikka Palvalin, Antti Lonnqvist e Maiju Volley. (2013)," Analyzing the impacts of ICT on knowledge work productivity," Journal of Knowledge Management, pp.543-557.

[119] Minbaeva, D. B. (2005), -HRM practices and MNC knowledge transferi, Personal Review, Vol.34, No.1, pp. 125-144.

[120] Moffett, S. (2000), Gestão do Conhecimento: Issues, Preparation and Implementation, tese de doutoramento.

[121] Moffett, S., McAdam, R. e Parkinson, S. (2002), Developing a model for technology and cultural factors in Knowledge Management: A Fator Analysis, Journal of Knowledge Process and Management, Vol. 9 No. 4, pp. 237-255

[122] Moffett, S. McAdam, R. e Parkinson, S. (2003), Technology and people factors in knowledge management: an empirical analysis, Journal of Total Quality Management, Vol. 14, No. 2, pp. 215-224.

[123] Moffett, S e Hinds, A. (2010) "Assessing the Impact of KM on Organisational Practice: Applying the MeCTIP Model to UK Organizations" Electronic Journal of Knowledge Management Volume 8 Issue 1, pp.103 - 118.

[124] Muthu, S., Devadasan, S.R., Mendonça, P.S. e Sundararaj, G., (2001)," Pre-auditing through a knowledge base system for successful implementation of a QS 9000 based maintenance quality system", J. Qual. Maint. Engg. 7(2), pp. 90-103.

[125] Mustafa, S.T. e Chiang, D. (2006). Dimensions of quality in higher education: how academic performance affects university students' teacher assessments. Journal of American Academy of Business, Vol. 8, pp. 294-303.

[126] Mu-Jung, H., Mu-Yen C. e Kaili, Y. (2007), Comparing with your main competitor: the single most important task of knowledge management performance measurement, Journal of Information Science, Vol. 33, No. 4, pp. 416-434

[127] Nachum, L. (1999), "Measurement of productivity of professional services - an illustration on Swedish management consulting firms", International journal of Operation & Management, Vol.19 No. 9, pp.922-49.

[128] Nakajima, S. e Shirase, K. (1992), New TPM development program for assembly process (em japonês). JIPM Solution, Tóquio, Japão.

[129] Neely, A. (2002), "Business Performance management theory and Practice", Cambridge University Press, Cambridge.

[130] Nguyen.Q.T.N. Neck.P.H., Nguyen.T.H, (2009)," The Critical Role of Knowledge Management in Achieving and Sustaining Organisational Competitive Advantage," International Business Research, Vol.2, No.3, pp.1-14.

[131] Nonaka, I., e Takeuchi, H., (1996). A Teoria da Criação de Conhecimento Organizacional. International Journal of Technology Management, Vol. 11, no 7/8, 1996.

[132] Nonaka, I. e Takeuchi, H. (1995), The Knowledge-creating Company, Oxford University Press, Nova Iorque, NY.

[133] Nunnally, J. (1967), "Psychometric Theory", McGraw-Hill, Inc., Nova Iorque.

[134] O'Grady, K. E. e Medoff D. R. (1991), "Rater reliability: A maximum likelihood confirmatory fator-analytic approach multivariate Behavioral Research, Vol. 26, pp. 363368.

[135] Editorial Omega, Volume 37, Número 5, outubro de 2009

[136] Piercy NF. 2003. Market-led Strategic Change. Amesterdão: Butterworth-Heinemann.

[137] Perberton, J. D., Stonehouse, G.H. e Francis, M.S., Black e Dicker (2002), "Towards a knowledge centric organization", Knowledge Process. Mgmt., 9(3), pp. 178-189.

[138] Pilbeam S, Corbridge M (2006). People Resourcing: Contemporary Human Resource Management in Practice, terceira edição, Prentice Hall/Financial Times: Harlow

[139] Pimchangthong, e Tinprapa.s, (2012)," Factors Influencing Knowledge Management Process Model: A Case Study of Manufacturing Industry in Thailand," World Academy of Science, Engineering and Technology Vol: 6 2012, pp.524-526.

[140] Ramsey, H. (1996), Managing Sceptically: A Critique of Organisational Fashion, in Clegg, S. and Palmer, G. (Eds), The Politics of Management Knowledge, Sage, London

[141] Rasula, J., Bosilj Vuksic, V. & Indihar Stemberger, M. (2012). O modelo integrado de maturidade da gestão do conhecimento. Economic and Business Review, Vol. 14, No. 2, pp.147-168.

[142] Ravi, V e Shankar, Ravi e Tiwari, MK,(2005) "Productivity improvement of a computer hardware supply chain," in International Journal of Productivity and Performance Management, Emerald Group Publishing Limited, vol. 54, no. 4, pp. 239-255.

[143] Ravi, V e Shankar, Ravi,(2005), "Analysis of interactions among the barriers of reverse logistics," in Technological Forecasting and Social Change, Elsevier, vol. 72, no. 8, pp. 1011-1029.

[144] "Reyes, P. e Raisinghani, M.S., (2002), "Integrar as tecnologias da informação e os sistemas baseados no conhecimento: uma abordagem teórica em ação para melhorar o controlo da produção e do inventário", Knowl. Process Mgmt., 9(4), pp.256-263.

[145] Reyes, P. e Raisinghani, M.S., (2002),"" Integrando as tecnologias da informação e

knowledge-based systems: a theoretical approach in action for enhancements in production and inventory control"", Knowl. Process Mgmt., 9(4), pp.256-263. "

[146] Sabherwal, R., & Sabherwal, S. (2005), "Knowledge management using information

tecnologia: Determinantes do impacto a curto prazo no valor da empresa", Decision Sciences, 36(4), 531-

567.

[147] Sajjad M. J. (2008)," A holistic view of knowledge management Strategy," Journal of knowledge management, VOL. 12 NO. 2 2008, pp. 57-66.

[148] Salisbury, Mark e Plass, Jan (2001) 'A concetual framework for a knowledge management system', Human Resource Development International, 4:4, 451 - 464.

[149] Sanjay Kumar, Sunil Luthra e Abid Haleem, (2013)," Customer involvement in greening the supply chain: an interpretive structural modeling methodology, "Journal of Industrial Engineering International, pp.1-13.

[150] Schein, E. (1998), "Coming to a new awareness of organizational cultutre", Management Review, 24(2), pp.3-16.

[151] Scheier, M. F., Carver, C. S., & Bridges, M. W. (2001). Otimismo, pessimismo e bem-estar psicológico. In E. C. Chang (Ed.), Optimism and pessimism: Implications for theory, research, and practice (pp. 189-216). Washington, DC: American Psychological Association.

[152] Shin, M. (2004). Framework for evaluating economics of knowledge management systems, Information & Management, 42, pp.179-196.

[153] Singh, M. D. e Kant, R. (2008), "Knowledge management barriers: An interpretive structural modeling approach", International Journal of Management Science and Engineering Management Vol.3, pp.141-150.

[154] Singh.A.K. Singh M D e Sharma B. P. (2013)," Modelação de Tecnologias de Gestão do Conhecimento: An ISM Approach, The IUP Journal of Knowledge Management, Vol. XI, No. 3 pp.41-55.

[155] Sink, D. (1985), Productivity Management: Planning, Measurement and Evaluation, Control and

Improvement, Wiley, New York, NY.

[156] Sink, D. e Tuttle, T. (1989), Planning and Measurement in Your Organization of the Future, IE Press, Norcross, GA.

[157] Patricia M. Danzon, Sean Nicholson, Nuno Sousa Pereira (2005), Productivity in pharmaceutical-biotechnology R&D: the role of experience and alliances, Journal of Health Economics, 24 (2),pp. 317 - 339

[158] Sparrow, P., Schuler, R. S. e Jackson, S. E. (1994), -Convergence or divergence: Human resource practices and policies for competitive advantage worldwide!, The International Journal of Human Resource Management, Vol.5, No.2, pp. 267-299.

[159] Suhr, D. (2009), "Principal component analysis vs. exploratory fator analysis", SUGI Proceedings recuperado em 5, abril de 2012.

[160] Sumanth, D. (1998), "Total Productivity management", St Lucie Press, Boca Raton, FL.

[161] Sureshchandra, G. S., Rajendran, C. e Anantharaman, R. N. (2003). The influence of total quality service age on quality and operational performance. TQM & Business Excellence, 14(9), 1033-1052

[162] Ta, H.-P., Choo, H.-L.e Sum.C.-C, (2000), "Transportation concerns of forging firms in Chnina", Int. J. Phys. Distrib.Logist.Mgmt, 30(1), pp. 35-54.

[163] Tan, C, L e Nasurdin, A, M., (2011), "Human Resource Management Practices and Organizational Innovation: Assessing the Mediating Role of Knowledge Management Effectiveness, "The Electronic Journal of Knowledge Management Volume 9 Issue 2 pp.155167.

[164] Tang, H. (1999), "an inventory of organizational innovativeness", Tec novation, Vol. 19, pp. 41-51.

[165] Thomas, Kenneth W., e Betty A. Velthouse (1990), "Cognitive Elements of Empowerment", Academy of Management Review, 15 (4), pp. 666-681.

[166] Vallerand,R.J.(2000), "Deci and Ryan's Self-Determination Theory: A View from the Hierarchical Model of Intrinsic and Extrinsic Motivation", Psychological Inquiry, Vol. 11, No. 4 , pp. 312-318

[167] Vecchio, A.L. e Towill, D.R., (2003)," A knowledge based simulation framework for production-distribution system design", Comput. Indust. 15(1-2), pp. 27-40.

[168] Venkatesh, V. & Davis, F. D. (2000), "A Theoretical Extension of the Technology Acceptance Model: Four Longitudinal Field Studies", Management Science, 46, pp. 186-204.

[169] Venkatesh, V., Morris, M. G., Davis, G. B. & Davis, F. D. (2003), "User acceptance of information technology: Toward a unified view", MIS Quarterly, 27, pp.425-478.

[170] T support in manufacturing firms for a knowledge management dynamic capability link to

performance", International Journal of Production Research, 45:11, pp.2419 - 2434.

[171] Wang, J. e Guan, J. (2005), "The Analysis and Evaluation of Knowledge Efficiency in Research Groups", Journal of the American Society for Information Science and Technology, 56(11), pp.1217-1226.

[172] Wang, K., Wang, C.K. e Hu, C. (2005). Analytic hierarchy process with fuzzy scoring in evaluating multidisciplinary R&D projects in China (Processo de hierarquia analítica com pontuação difusa na avaliação de projectos de I&D multidisciplinares na China). IEEE Transactions on Engineering Management, Vol. 52 No. 1, pp. 119-29.

[173] Wang, M.-H., & Yang, T.-Y (2016), "Investigating the success of knowledge management: An empirical study of small and medium-sized enterprises", Asia Pacific Management Review, pp 1-13.

[174] Warfield, J.W. (1974). Desenvolvimento de matrizes interligadas em modelação estrutural. IEEE Transcript on Systems, Men and Cybernetics, Vol.4 No.1, pp. 81-87.

[175] Warfield, John N,(1974) "Developing interconnection matrices in structural modelling," in IEEE Transactions on Man and Cybernetics Systems, no. 1, pp. 81-87.

[176] Wong, K. Y., & Aspinwall, E. (2005). "An empirical study of the important factors for knowledge-management adoption in the SME sector" Journal of Knowledge Management, 9(3), pp.64-82.

[177] Wong.K.Y(2006)," Critical success factors for implementing knowledge management in small and medium enterprises," Industrial Management & Data Systems, Vol. 105 No. 3, pp. 261-279

[178] Wu, C. R., Lin, C. T., e Chen, H. C. (2007). Building and Environment. Vol. 42, pp. 14311444.

[179] Yang C.e Hsueh-Chuan Yen(2007)," A viable systems perspective to knowledge management," Kybernetes Vol. 36 No. 5/6, pp. 636-651

[180] Yang, J. (2008), Managing knowledge for quality assurance: an empirical study, International Journal of Quality & Reliability Management, Vol. 25, No. 2, pp. 109-124.

[181] Yang, J. T. (2010)," Antecedents and consequences of knowledge sharing in international tourist hotels", International Journal of Hospitality Management, 29, pp.42-52.

[182] Yeh, Chung-H. e Chang, Yu-H. (2009). Modeling subjective evaluation for Fuzzy group multi-criteria Decision-making, European Journal of Operational Research, 194, pp.464-473.

[183] Yusuf.M.M.e Wanjau.K, (2014)," Factores que afectam a implementação de práticas de gestão do conhecimento nas empresas públicas do Tesouro Nacional no Quénia," International

Journal of Management Technology, Vol.2, No.2, pp.9-18.

[184] Zack M H 1999 'Managing Codified Knowledge', Sloan Management Review, Vol 40, N4, pp45-58.

[185] Zack, M.H., (1999), "Developing a knowledge strategy", California Management Review 41(3), 125-145.

[186] Zaremba, M.B. e Morel, G., (2003), "Integration and control of intelligence in distributed manufacturing", I. Intell. Manuf., 14(1), pp.25-42.

[187] Zeithaml VA & Bitner MJ. 2003. Services marketing integrating customer focus across the firm. 3ª Edição. Boston: McGraw-Hill.

[188] Xenikou, A. e Simosi, M. (2006), "Transformational leadership as predictors of business unit performance", Journal of Managerial Psychology, Vol. 21 No. 6, pp. 566-579.

[189] Zhou, A.Z. e Fink, D. (2003), Knowledge management and intellectual capital: an empirical examination of current practice in Australia, Knowledge Management Research & Practice, Vol. 1, pp. 86-94.

[190] Xu,M. e Walton,J. (2005) "Gaining customer knowledge through analytical CRM", Industrial Management & Data Systems, Vol. 105 Issue: 7, pp.955 - 971

REFERÊNCIAS (sítio Web)

[1] http://systems-thinking.org/kmgmt/kmgmt.html

[2] http://www.diaglougeonlreadership.org/Nonaka-1996.html

[3] www.eurocontrol.int/eatmp/glossary/terms/terms-11.html

[4] www.itilpeople.com/Glossary/Glossary_k.html

[5] www.bptrends.com/resources_glossary.cfm

[6] http://www.systems-thinking.org/tkco/tkco.html

[7] http://www.media-access.com/whatis.html

[8] www.raosoft.com/ HYPERLINK "http://www.raosoft.com/samplesize.html"

[9] http://www.referenceforbusiness.com/management/Or-Pr/Product-Life-Cycle-and-Indústria-Ciclo de vida.html

[10] *http://systems-thinking. org/kmgmt/kmgmt. htm*

[11] *www. edu. uleth. ca/courses/ed3604/conmc/glsry/glsry. html*

[12] *www.michigan.gov mdcs 0, 1607, 7-147-6879 9325-18616--, 00.html*

[13] *www. seattlecentral. org/library/101/textbook/glossary. html*

[14] www. wmich. edu/evalctr/ess/glossary/glos-e-l. htm

[15] www. aslib. co. uk/info/glossary. html

[16] www. hkbu. edu. hk/~ppp/ ksp1/KSPglos. html

[17] www. seanet. com/~daveg/glossary. htm

[18] www.jfcom. mil/about/glossary. htm

[19] www. cio. gov. bc. ca/other/daf/IRM Glossary. htm

[20] www. sims. berkeley. c<dncourscs is213s99 Projects P9 web site/ glossary. htm

[21] www. wotug. ukc. ac. uk/parallel/acronyms/hpccgloss/all. html

[22] www. csufresno. edu/humres/Classification. Compensation/Glossary%20of%20Terms. htm

[23] www. vnulearning. comkmwpglossary. html

[24] www. eurocontrol. int/eatmp/glossary/terms/terms-11. htm

[25] www. ibef. org/industry/autocomponents-india. aspx

Apêndice

APPENDIX 1

QUESTIONÁRIO

Sr. Não	Declaração	Concordo plenamente	De acordo	Indecisos	Não concordo	Discordou fortemente
		(1)	(2)	(3)	(4)	(5)
I-Gestão do conhecimento -** partilha de **conhecimentos						
1	Empresas que adoptaram novos métodos de gestão para a partilha de conhecimentos.					
2	As empresas adoptaram novos métodos de gestão para uma política de incentivos para manter os trabalhadores.					
3	Empresas que adoptaram novos métodos de gestão de parcerias para a aquisição de conhecimentos.					
4	Empresas que adoptaram novos métodos de gestão para uma política escrita de gestão do conhecimento.					
!-Gestão do** conhecimento-Criação **do conhecimento						
5	A organização acredita nas práticas de KM.					
6	As práticas de gestão empresarial aumentam a satisfação dos trabalhadores.					
7	Grande funcionário a partilhar os seus conhecimentos.					

8	Organização que mantém a base de dados KM.					
!-Gestão do conhecimento-Retenção do conhecimento						
9	A gestão do conhecimento melhorará a gestão da produção e evitará ou minimizará as perdas e fraquezas que normalmente resultam de um mau desempenho, bem como aumentará o nível competitivo da empresa.					
10	Gestão do conhecimento com a melhoria da teoria da gestão da produção, no contexto da produção, através da aplicação de princípios fundamentais.					
11	Promover a partilha de informações, motivar os trabalhadores a permanecer na empresa, criar parcerias para a aquisição de conhecimentos - as empresas industriais estão cada vez mais conscientes da necessidade de gerir o conhecimento individual e coletivo.					
12	A gestão do conhecimento estimula a inovação, um fator de produtividade.					
I-Gestão do conhecimento-Inovação do conhecimento (KI)						
13	A abordagem da inovação aumentará a gestão do					

	conhecimento.					
14	A inovação conduz à transferência de tecnologia, o que aumenta a produtividade.					
15	Fornecerá um quadro para a gestão na sua tentativa de desenvolver e melhorar a sua capacidade organizacional					
	para inovar.					
16	Aplicar novos conhecimentos à tomada de decisões, à resolução de problemas ou a inovações					
2-Conceção e Engenharia (D&E) **Conceção do sistema (SD)**						
17	A conceção do sistema aumentará a fiabilidade do produto.					
18	A conceção do sistema aumentará a capacidade do processo.					
19	Através da conceção do sistema, o fluxo de matérias-primas tornar-se-á fácil					
20	A conceção do sistema permitirá obter resultados de alta qualidade com um custo e um tempo mínimos.					
2-Conceção e Engenharia (D&E)- **Conceção do processo (Processo D)**						
21	A conceção do produto e do processo é assegurada para					

	garantir o máximo alinhamento da conceção do produto com os requisitos do cliente.				
22	Melhorará a qualidade geral do produto final.				
23	A disposição correta das máquinas permite reduzir o tempo de produção.				
24	Os diferentes tipos de disposição dos produtos são estudados para se adaptarem a uma disposição específica.				
2-Conceção e engenharia (D&E) **- Conceção de produtos (Prod.D)**					
25	O desdobramento da função qualidade é utilizado para aumentar a qualidade do produto.				
26	O produto pode ser concebido de acordo com as necessidades do cliente.				
27	Os produtos de valor acrescentado são concebidos.				
28	As novas ideias conduzirão ao desenvolvimento de novos produtos.				
3-Produção - Planeamento global (PA)					
29	O planeamento agregado ajuda a satisfazer o cliente, satisfazendo a procura e reduzindo o tempo de espera.				
30	O planeamento agregado ajuda a reduzir o investimento em				

	existências.					
31	O planeamento agregado ajuda a cumprir os objectivos de programação, criando assim uma força de trabalho feliz e satisfeita.					
3-Produção -Programação (SC)						
32	A programação é uma ferramenta importante para o fabrico e a engenharia, onde pode ter um grande impacto na produtividade de um processo.					
33	Melhora através de saídas e utilização de capacidades de máquinas e trabalhadores.					
34	A programação definirá a entrega do produto final a tempo de obter a satisfação do cliente.					
***3-Produção* -Controlo *de* inventário**						
35	A definição das prioridades do inventário pela empresa é um fator determinante para a eficácia do controlo do inventário.					
36	As competências dos empregados que trabalham no controlo do inventário, bem como o nível de formação que lhes é ministrado, afectam o controlo do inventário.					
37	O aumento da quantidade de inventário também aumenta a carga de trabalho associada à gestão do inventário, como a					

	contagem cíclica, o inventário físico anual e a manutenção geral do armazém.				
3- *Produção* - Controlo de qualidade					
38	Capacitar os trabalhadores para desenvolverem ideias de melhoria				
39	A organização efectua tarefas sobrepostas ou repetitivas, o que diminui a produtividade global.				
40	O hardware e o software avançados ajudam na conceção de novos produtos, na modificação de produtos existentes, podem ser fabricados de forma mais automática e os produtos são mais bem concebidos para serem fabricados.				
4-Ì		***'SirtUibiifions 3PL***			
41	A incerteza ambiental tem uma influência positiva na logística de terceiros.				
42	O sistema de informação logística aumenta a integração logística				
	sistema.				
43	O desempenho do serviço ao cliente conduz a melhores resultados de desempenho.				
44	Reduz a relação custo-eficácia				

	dos serviços					
4-Distribuição - Gestão de armazéns						
45	A gestão de armazéns tem por objetivo controlar o movimento e a armazenagem de materiais num armazém e processar as transacções associadas , incluindo expedição, receção, arrumação e recolha.					
46	A gestão de armazéns é utilizado para controlar o fluxo de produtos.					
47	A base de dados pode então fornecer relatórios úteis sobre o estado das mercadorias no armazém.					
48	A gestão do armazém pode seguir os dados do produto durante o processo de produção.					
4-Controlo da ordem das distribuições						
49	O controlo das encomendas gere os depositantes a partir de qualquer canal: sítios Web, smartphones, lojas, e-mail do serviço de apoio ao cliente.					
50	O controlo das encomendas minimiza o tempo de entrega.					
51	O controlo das encomendas aumenta a rentabilidade					
52	Proporcionará uma boa ligação entre os produtos acabados e					

	cliente.					
5-Tecnologia da informação/sistema de informação estratégica						
53	Com utilização da informação tecnologia para melhorar o produto e o processo em indústrias transformadoras.					
54	O fluxo de dados de um departamento para muitos os departamentos tornar-se-ão fáceis e rápidos.					
55	Através da tecnologia da informação, são procuradas novas máquinas de fabrico mais recentes para aumentar a produção.					
5-Tecnologia da informação/sistema - Planeamento das necessidades de materiais e ERP						
56	Através do sistema ERP, o estado exato do material será conhecido.					
57	É utilizada a mão de obra especializada que possui conhecimentos de ERP.					
58	Servirá de guia para o controlo do inventário.					
5-Tecnologia da informação/sistema-EDI e contratos públicos electrónicos						
59	Redução dos custos de aquisição e aumento da eficiência.					
60	Processos de compra normalizados em toda a organização.					

61	Redução dos custos administrativos com maior eficácia.				
6-Produtividade-		***produtividade total dos factores (TPF)***			
62	A produtividade total dos factores é utilizada para medir a evolução tecnológica a longo prazo.				
63	O crescimento tecnológico e a eficiência são as duas maiores secções da produtividade total dos factores.				
64	O conhecimento tem um efeito direto sobre a PTE.				
6-Produtividade- Análise envoltória de dados (DEA)					
65	A análise envoltória de dados é utilizada para avaliar a eficácia das políticas públicas				
66	A DEA permite estimar uma relação de melhores práticas entre múltiplos outputs e múltiplos inputs.				
67	Com a DEA, as fontes de ineficiência podem ser analisadas e quantificadas para cada unidade avaliada.				
6-Produtividade - Balanço (BC)					
68	É utilizado para medir os objectivos, metas e iniciativas que, coletivamente, descrevem a estratégia da organização e a forma como essa estratégia pode				

	ser alcançada.					
69	O balanced scorecard é utilizado para melhorar o desempenho.					
70	É utilizado para obter feedback, aprender e ajustar a estratégia.					
6-Produtividade-Benchmarking(BM)						
71	O benchmarking é uma ferramenta de melhoria do desempenho.					
72	É utilizada para aprender com os erros.					
73	A ferramenta é utilizada para motivar as pessoas a tornarem-se líderes e não seguidores.					
7-Cultura Organizacional-Activos da Organização						
74	A longo prazo, a retenção será um ativo da organização.					
75	Os valores partilhados na organização têm uma forte influência sobre a forma como as pessoas se vestem na organização.					
76	A empresa concentra-se nos resultados finais.					
77	A longo prazo, a organização terá bons resultados financeiros.					
7-Cultura organizacional -Ferramentas e soluções tecnológicas						
78	A nova tecnologia irá aumentar a produção.					
79	Serão necessárias novas					

	máquinas para aumentar a produtividade.					
80	Os novos métodos serão adoptados para reduzir a fadiga dos trabalhadores.					
81	A cultura organizacional trará maior empenhamento, maior moral, desempenho eficaz e produtividade.					
7-cultura organizacional-cooperação						
82	A cooperação entre as pessoas aumenta a cultura de trabalho na organização.					
83	Ajudará a aumentar as relações de coordenação.					
84	É o fluxo de informação na organização.					
85	A cultura organizacional aumenta a produtividade.					
8-Gestão dos recursos humanos (DRH) - Satisfação profissional (SJ)						
86	A motivação leva a reduzir os custos de fabrico através de novos métodos.					
87	A satisfação no trabalho aumentará a força de trabalho na organização.					
88	A longo prazo, reduzirá os custos de formação devido à retenção de pessoal.					
89	A satisfação profissional é, portanto, o resultado de várias					

	atitudes de um trabalhador.					
8-Gestão de recursos humanos (GRH) - Prémios e motivação						
90	Os prémios levam à motivação dos funcionários para atingir o objetivo.					
91	O prémio irá definir o processo de pensamento dos empregados.					
92	A inclinação para a motivação aumentará a produtividade.					
93	A motivação leva a reduzir os custos de fabrico					
	através de novos métodos.					
9-Manutenção(M'ı		**)-Manutenção de avarias(B**			**\I)**	
94	A manutenção deficiente reduzirá a produção.					
95	A manutenção deficiente aumentará o custo de produção.					
96	A manutenção em caso de avaria aumentará o custo do material devido ao desperdício de material semi pescado.					
9-Manutenção(MT) -			**'manutenção preventiva (MP)**			
97	A manutenção preventiva tem por objetivo evitar ou atenuar as consequências de uma avaria do equipamento.					
98	O programa de manutenção preventiva ideal evitaria todas as falhas do equipamento antes de estas ocorrerem.					

99	Aumentará a produtividade.					
9-Manutenção(Mi		**')-manutenção corretiva(CM)**				
100	A manutenção corretiva reduzirá a frequência da manutenção de avarias.					
101	Minimizará o custo de manutenção.					
102	Será motorizado através do sistema de monitorização do condicionador.					
10-Employee Empowerment(EE)- Formação, confiança						
103	O incentivo para melhorar, aprender e desenvolver os indivíduos.					
104	A confiança aumentará a confiança entre o pessoal.					
105	O ambiente de trabalho dá-lhe a oportunidade de trabalhar em competências que o preparam para atingir os seus objectivos futuros.					
106	As funções e responsabilidades claramente definidas e frequentemente articuladas e o que é esperado.					
10-Emprego com autonomia (EE) - Compromisso dos dirigentes						
107	A responsabilização dos trabalhadores é utilizada para obter o seu empenho em atingir o objetivo.					
108	É utilizado para incentivar a					

	aprendizagem e o desenvolvimento dos trabalhadores					
109	Os empregados influenciados a seguir a sua visão estratégica para a organização.					
110	A solução inovadora pode ser desenvolvida para um problema não tradicional.					
11-Estratégia de conhecimento (KS) - decisão de aprovisionamento.						
111	O processo de Sourcing Estratégico requer uma abordagem ou método organizado que permita a uma função da cadeia de abastecimento trabalhar sistematicamente em áreas ou processos de despesa que possam resultar em benefícios de poupança de custos.					
112	A negociação e a seleção de fornecedores reduzirão o custo das matérias-primas.					
113	A seleção do fornecedor basear-se-á no aumento da melhor relação qualidade/preço					
	o lucro.					
Estratégia de conhecimento (KS) - Requisitos de capacidade futuros						
114	As capacidades futuras aumentarão a eficiência da organização.					

115	Através dos desafios, as capacidades futuras podem ser aumentadas.					
116	A capacidade futura do processo aumentará a produtividade da organização.					
11-Estratégia de conhecimento (KS)		***- mapeamento de competências***				
117	Os trabalhadores podem aumentar o nível de eficiência através do mapeamento de competências.					
118	As competências são úteis para os supervisores.					
119	O mapa de formação de competências aumentará o nível de proficiência na organização.					
12-Ciclo de vida do produto (PLC)-Crescimento						
120	Esta é a fase-chave para estabelecer a posição do produto no mercado.					
121	O crescimento do produto aumentará a concorrência.					
122	É utilizado para reduzir o custo do produto.					
12-Ciclo de vida do produto (PLC)-Maturidade						
123	É utilizado para captar o mercado e aumentar as vendas ao máximo.					
124	Durante esta fase, a quota de mercado diminui o mercado					
	partilhar.					

125	Durante esta fase, o lucro começa a diminuir.				
12-Ciclo de vida do produto (PLC)-Declínio					
126	Nesta fase, as vendas e os lucros diminuem.				
127	Nesta fase, o produto pode ser retirado do mercado.				
128	O custo de produção será mais barato.				

APPENDIX 2

Perfil demográfico dos inquiridos

Parte-1 1. Nome da organização e indicação do Estado: ______________________

2. Nome do inquirido (facultativo): ______________________________________

3. Sexo: (assinalar)

Masculino	Feminino

4. Habilitações literárias: (assinalar)

ITI	Diploma	B. E.	M. E.	M. B. A.	C. A.	Mestrado em Comércio.	Mestrado.	Doutoramento.

Qualquer outro, especificar:

5. Idade em anos: (assinalar)

26-31	32-36	37-41	42-46	Mais de 47

Qualquer outro, especificar:

6. A sua posição na organização (designação):

Diretor Geral	Engenheiro de projeto	Gestor H R

Gestor de compras	Diretor financeiro	Gestor de vendas
Diretor de obras	Gerente de loja	

Qualquer outro, especificar:

---

7. Experiência em anos:

3-6	7-11	12-16	17-21	Mais de 21

8. Experiência na organização atual:

3-6	7-11	12-16	17-21	Mais de 21

9. O seu domínio funcional de trabalho:

Comprar	Fabrico	Lojas	Controlo de qualidade	Qualquer outro
Conceção	Vendas	Manutenção	Despacho	

Especificar: Qualquer outro, por favor especifique:

---

10. Correio eletrónico

(Opcional): ______________________________

11. Qual é a idade da sua organização (anos)?

6-11	12-16	17-21	22-26	Mais de 27

12. Número de empregados:

50-100	101-200	201-500	501-1000	Mais de 1000

13. Volume de negócios da sua organização em (Rs.):

5-10 Crores	11-20 Crores	21- 30 Crores	31-40 Crores	41-50 Crores	Mais 50 Crores

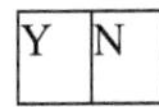

Y	N

14. Por favor, indique (√) se a sua empresa possui Certificação ISO 9001?

16. A sua empresa tem um responsável pelo conhecimento?

17. A sua empresa tem um departamento de KM?

Y	N

18. Está satisfeito com as práticas de Gestão do Conhecimento seguidas na sua empresa?

Y	N

Y	N

19. A sua empresa tem um sistema de partilha de conhecimentos?

Y	N

20. A sua empresa utiliza o software para partilhar conhecimentos?

21. Os seus trabalhadores partilham os conhecimentos através do banco de conhecimentos?

Y	N

Y	N

22. A sua empresa dispõe de um sistema de gestão de resíduos?

Se tiver alguma dúvida durante o preenchimento do questionário, contacte-me através do seguinte endereço 09823971427

Y	N

(Patil Nitin, académico de investigação, Universidade Dr. B R Ambedkar Marathwada, Aurangabad)

Correio eletrónico: patilny@gmail.com

Muito obrigado pela vossa amável colaboração.

LISTA DE PUBLICAÇÕES

Revista Internacional

[1] Patil. N, Warkhedkar R. (2015), "knowledge management implementation in Indian Automobile ancillary industries: Um modelo estrutural interpretativo para a produtividade" Journal of modelling in management, Emerald publication.

[2] Patil. N, Warkhedkar R. (2015), "Investigation of knowledge management in the era shape with specific manufacturing industry", Vol -7, Issue-11, pp no.19379-19382.

[3] Patil. N, Warkhedkar R. (2015)," Modelação dos parâmetros de gestão do conhecimento nas indústrias transformadoras indianas utilizando a abordagem ISM e MICMAC", Int. J. of Modelling in Operations Management (IJMOM), comunicado e em curso.

Conferência internacional

[1] Patil. N, Warkhedkar R. (2015)," GESTÃO DO CONHECIMENTO, UMA REVISÃO DA LITERATURA RECENTE (1985 -2008) PARA INVESTIGAÇÃO E APLICAÇÕES"

Jornal Nacional

[1] Patil. N, Warkhedkar R. (2015)," KNOWLEDGE MANAGEMENT USED TO SUSTAIN FOR COMPETITIVE ADVANTAGE" Multidisciplinary Journal of Research in Engineering and Technology, Volume 2, Issue 4, Pg.706-715

Printed by Books on Demand GmbH, Norderstedt / Germany